Carlos David Laura Quispe

Geometría Analítica y Vectorial para Profesores en Formación Inicial

Carlos David Laura Quispe

Geometría Analítica y Vectorial para Profesores en Formación Inicial

Actividades, Situaciones y Fijación de Aprendizajes

PUBLICIA

Cover image: www.ingimage.com

Publisher:
PUBLICIA
is a trademark of
Dodo Books Indian Ocean Ltd. and OmniScriptum S.R.L publishing group

120 High Road, East Finchley, London, N2 9ED, United Kingdom
Str. Armeneasca 28/1, office 1, Chisinau MD-2012, Republic of Moldova, Europe
Printed at: see last page
ISBN: 978-3-639-55805-0

Geometría Analítica y Vectorial para Profesores en Formación Inicial: Actividades, Situaciones y Fijación de Aprendizajes

Carlos David LAURA QUISPE[1]

[1] ***Carlos David LAURA QUISPE****. Es Licenciado en Ciencias de la Educación especialidad físico matemático, Economista y Magíster en Informática Educativa por la Universidad de la Frontera (UFRO) de Chile. Con estudios de post graduación en la Universidad Federal de Rio Grande (FURG) de Brasil. Con especializaciones en la Pontificia Universidad Católica de Valparaíso (PUCV) de Chile, en la Universidad Alberto Hurtado de Chile, en la Universidad Autónoma de Chile, en el Banco Interamericano de Desarrollo (BID). Ha sido becario de la Agencia de cooperación Internacional, el Centro de Investigación en Matemática (CIMAT), de Guanajuato, México; el Grupo Coimbra de Universidades Brasileñas, entre otras. Ha laborado en la Universidad Nacional San Agustín (UNSA), en el Consorcio de Investigación Económica y Social (CIES), actualmente labora en la Universidad Católica Santa María (UCSM). Ha sido ponente en diversos países como: Estados Unidos, España, Portugal, Argentina, Brasil, Uruguay, Perú y Chile. Sus publicaciones más importantes tienen que ver con incorporación e integración de TIC a la educación, formación inicial docente, evaluaciones censales, carrera pública magisterial; álgebra y cálculo.*

A:

Cristina Quispe Apancho y Víctor Laura Chuquira

Una persona es como una fracción cuyo numerador corresponde a lo que él es, en tanto que el denominador es lo que cree ser

LIEV TOLSTÓI

CONTENIDO

PRESENTACIÓN ***9***

PARTE I: GEOMETRÍA ANALÍTICA... ***11***

1.1 Distancia entre dos puntos.. *11*

1.2 Áreas de regiones poligonales.............. .... *15*

1.4 Punto medio... *19*

1.5 División de un segmento en una razón dada............. .... *23*

1.6 Ecuación de la recta............... .... *29*

1.7 Ecuación de la circunferencia... *38*

1.8 Ecuación de la paçabola... *44*

1.9 Ecuación de la elipse.......... .... *51*

1.10 Ecuación de la hipérbola............ .... *59*

PARTE II: GEOMETRÍA VECTORIAL...................................... ***65***

2.1 Vectores, operaciones con vectores, producto escalar, módulo de un vector, vector unitario, paralelismo y perpendicularidad... ... .*65*

2.2 Producto Vectorial de Gibbs (Producto Cruz), Áreas, Ángulo de Inclinación de un Vector en el Plano, Ángulo entre Vectores y Proyección Ortogonal *77*

2.3 Producto Vectorial y Producto vectorial Mixto: Áreas y Volúmenes............ *83*

2.4 Dependencia e Independencia Lineal *87*

2.5 Ecuación Vectorial de la Recta, Ecuación Paramétrica, Ecuación Simétrica, Ecuación General y Ecuación Implícita *91*

2.6 Rectas Paralelas, Rectas Perpendiculares, Ángulo entre dos Rectas, Distancia de un Punto a una Recta y Distancia entre dos Rectas *97*

2.7 Ecuación Vectorial del Plano, Distancia entre dos Planos y Distancia de un Punto a un Plano y Distancia de una Recta a un Plano *103*

2.8 Valores y Vectores Propios *111*

BIBLIOGRAFÍA ***116***

PRESENTACIÓN

Bienvenidos al fascinante mundo de la geometría analítica y vectorial, donde las ideas se desplazan en direcciones concretas, guiadas por magnitudes y direcciones. Este libro es más que un simple banco de ejercicios y problemas; una invitación a resolver junto a mí los desafíos más complejos, proporcionándote las herramientas necesarias para resolver problemas con confianza y absoluta precisión.

En el vasto universo de la matemática, la geometría analítica emerge como un puente entre el álgebra y la geometría, revelando la profunda conexión entre las ecuaciones y las formas geométricas. La esencia de la geometría analítica reside en la capacidad de traducir las propiedades geométricas a un lenguaje algebraico, permitiéndonos explorar y comprender de manera precisa las relaciones espaciales. Las coordenadas cartesianas se convierten así en nuestra herramienta para descifrar el misterio de las figuras geométricas y sus propiedades.

La geometría vectorial es el lenguaje secreto que revela los misterios escondidos en el tejido mismo del universo. A través de vectores, trazamos trayectorias que conectan puntos distantes, entendemos la dinámica de fuerzas que dan vida al movimiento y exploramos la profundidad de dimensiones que escapan a nuestra percepción. Estos ejercicios y problemas no son solo desafíos matemáticos; son puertas hacia la comprensión de cómo el espacio cobra vida con líneas, planos y formas que se entrelazan de maneras sorprendentes. Cada problema es una oportunidad para vislumbrar la belleza de las relaciones vectoriales y descubrir la elegancia de la geometría vectorial.

En este viaje, te invito a dejar atrás la familiaridad de las coordenadas cartesianas y sumergirte en un mundo donde los vectores son la brújula que nos guía. Este libro no solo resolverá problemas; te llevará a explorar, a cuestionar y a descubrir las conexiones ocultas entre los números y las formas en el espacio tridimensional.

Prepárate para una travesía donde la geometría deja de ser una disciplina abstracta y se convierte en una herramienta para comprender el movimiento del mundo que nos rodea. ¡Que estos problemas despierten tu curiosidad y desafíen tu mente en el maravilloso viaje por las trayectorias analíticas y vectoriales!

EL AUTOR

PARTE I

GEOMETRÍA ANALÍTICA

Distancia entre dos Puntos

Estudiar matemática es multiplicar la sabiduría, dividir el pensamiento, adicionar el raciocinio y sustraer el egoísmo. Porque el conocimiento matemático es un saber sistematizado.

Daniel Pereto

EJERCICIO 1. Determine la distancia entre los puntos: M = (-7; 4) y N = (1; -11).

a). 16u

b). 17u

c). 18u

d). 19u

e). 29u

EJERCICIO 2. Hallar el punto de abscisa 3 que diste 10 unidades del punto (-3; 6).

a). (-3; 2); (3; -14)

b). (3; 2); (-3; 14)

c). (3, -2); (3, 14).

d). (3: 5); (5; -3)

e). (-1; -2); (3; -5)

EJERCICIO 3. Uno de los extremos de un segmento rectilíneo de longitud igual a 17u es el punto A = (1; -11); si la ordenada del otro extremo es 4, determine la abscisa.

a). 9 y-5

b). -7

c). 9

d). 9 y -7

e). 7 y -9

EJERCICIO 4. Un segmento tiene una longitud de 29u, si el origen de este segmento es A = (-8; 10) y la abscisa del extremo del mismo es 12; calcular la ordenada.

a). 11

b). -11

c). 31

d). -31

e). b y c son correctas

EJERCICIO 5. Calcular el área de la región limitada por el rectángulo ABCD siendo: A = (2; 1), B = (1; 4) y AC = 5u.

a). $4\sqrt{6}u^2$

b). $2\sqrt{6}u^2$

c). $3\sqrt{6}u^2$

d). $5\sqrt{6}u^2$

e). $7\sqrt{6}u^2$

EJERCICIO 6. Si los vértices de un triángulo son: A = (1; 4); B = (3; -9) y C = (-5; 2) determinar la longitud de la mediana trazada desde el punto B.

a). 14u

b). 11u

c). 11,5u

d). 7u

e). 13u

EJERCICIO 7. Calcular la distancia entre los puntos: S = (-3; 2); T = (12; -6).

a). 17u

b). 18u

c). 19u

d). 20u

e). 21u

EJERCICIO 8. Determinar el perímetro del triángulo cuyos vértices son: E = (-1; -2); F = (4; 2) y G = (-3; 5).

a). 21,5u

b). 21u

c). 21,30u

d). 21,80u

e). 22u

EJERCICIO 9. Si los vértices de un triángulo son los puntos A = (-7; -2); B = (1; 4) y C = (5; -1) Hallar la longitud de la mediana trazada desde C.

a). 10u

b). $2\sqrt{17}u$

c). 8u

d). $2\sqrt{19}u$

e). $3\sqrt{11}u$

EJERCICIO 10. La ordenada de un punto es 8 y su distancia al punto B = (5; -2) es: $2\sqrt{41}u$. Hallar la abscisa del punto.

a). 13

b). –3

c). –13

d). a y b

e). b y c

Clave de Respuestas

Ejercicio 1. *b*

Ejercicio 2. *c*

Ejercicio 3. *d*

Ejercicio 4. *e*

Ejercicio 5. *d*

Ejercicio 6. *e*

Ejercicio 7. *a*

Ejercicio 8. *c*

Ejercicio 9. *c*

Ejercicio 10. *e*

Área de Regiones Poligonales

La esencia de la matemática está en su libertad

Georg Cantor

EJERCICIO 11. Hallar el área del triángulo ABC si: A = (3; 3); B = (5; 7) y C = (-3; 4).

a). $10u^2$

b). $10,5u^2$

c). $11,5u^2$

d). $11u^2$

e). $12u^2$

EJERCICIO 12. Hallar el área del pentágono ABCDE si: A = (-5; -2); B = (-2; 5); C = (2; 7); D = (5; 1) y E = (2; -4).

a). $66u^2$

b). $33u^2$

c). $65u^2$

d). $36u^2$

e). $76u^2$

EJERCICIO 13. Calcular el área del polígono cuyos vértices son los puntos: A = (3; 4); B = (-3; 2); C = (8; 2) y D = (2; -4).

a). $22u^2$

b). $44u^2$

c). $42u^2$

d). $45u^2$

e). $34u^2$

EJERCICIO 14. Determinar el área del polígono cuyos vértices están representados por los puntos: E = (3; 4); F = (5; 11); G = (12; 8); H = (9; 5) e I = (5; 6).

a). $32u^2$

b). $45u^2$

c). $33u^2$

d). $15u^2$

e). $30u^2$

EJERCICIO 15. Hallar el área del triángulo cuyas coordenadas de los vértices son: P = (0; 4); Q = (-8; 0) y R = (-1; -4).

a). $35u^2$

b). $33u^2$

c). $28u^2$

d). $30u^2$

e). $40u^2$

EJERCICIO 16. Hallar el área del polígono cuyas coordenadas de los vértices son: A = (1; 5); B = (-2; 4); C = (-3; -1); D = (2; -3) y E = (5; 1).

a). $40u^2$

b). $42u^2$

c). $20u^2$

d). $44u^2$

e). $50u^2$

EJERCICIO 17. Si A = (-5; 4); B = (5; 0) y C = (3; 4) son los vértices de un triángulo hallar el área del triángulo CDE, siendo D el punto medio de AC y E punto medio de AB.

a). $4u^2$

b). $5u^2$

c). $6u^2$

d). $4,5u^2$

e). $5,5u^2$

EJERCICIO 18. Hallar el área del polígono cuyas coordenadas de los vértices son: O = (0, 4); P = (1; - 6); Q = (-2; -3) y R = (- 4; 2)

a). $25u^2$

b). $25,5u^2$

c). $26u^2$

d). $26,5u^2$

e). $39u^2$

EJERCICIO 19. Hallar el área del triángulo cuyas coordenadas de los vértices son: T = ($\sqrt{2}$; 2); S = (- 4; 6) y V = (4; -2$\sqrt{2}$)

a). $(\sqrt{2}+3)u^2$

b). $7u^2$

c). $7\sqrt{2}u^2$

d). $(7\sqrt{2}-2)u^2$

e). $(7\sqrt{2}+2)u^2$

EJERCICIO 20. Hallar el área del triángulo cuyas coordenadas de los vértices son: C = (-7; 5); D = (1; 1) y E = (-3; 3).

a). 1u

b). 0

c). 1,5u

d). 0,5u

e). 0,2u

Clave de Respuestas

Ejercicio 11. *c*

Ejercicio 12. *a*

Ejercicio 13. *b*

Ejercicio 14. *e*

Ejercicio 15. *d*

Ejercicio 16. *a*

Ejercicio 17. *a*

Ejercicio 18. *b*

Ejercicio 19. *d*

Ejercicio 20. *b*

Punto Medio

Los encantos de esta ciencia sublime, la matemática, solo se le revelan a aquellos que tienen el valor de profundizar en ella

Carl Friedrich Gauss

EJERCICIO 21. Determine las coordenadas de los vértices de un triángulo, si se sabe que las coordenadas de los puntos medios de sus lados son M = (2; 3), N = (4; −2), y por último P = (0; −1), e indique la suma de las coordenadas de los vértices.

a). 8

b). -6

c). 6

d). -7

e). 0

EJERCICIO 22. Si las coordenadas del punto medio del segmento AB es: M = (-2; 1), calcular las coordenadas del punto B, si A tiene como coordenadas (8; 12).

a). (-12; -10)

b). (12; -10)

c). (-12; -10)

d). (10; -8)

e). (-8; -10)

EJERCICIO 23. Si M_1 = (2; 1); M_2 = (3; 3) y M_3 = (6; 2) son los puntos medios de los lados de un triángulo, ¿cuáles son las coordenadas de los vértices del triángulo? Indique la suma de dichas coordenadas.

a). 13

b). 18

c). 11

d). 17

e). 15

EJERCICIO 24. Si: A = (-5; -4); B = (5; 0) y C = (3; 4) son los vértices de un triángulo, hallar el área del triángulo DEF, siendo D el punto medio de AC; E punto medio de AB y F el punto medio de BC

a). $8u^2$

b). $5u^2$

c). $6u^2$

d). $5,5u^2$

e). $5,5u^2$

EJERCICIO 25. Averigua el punto simétrico de A = (5; −1) con respecto a B = (4; −2).

a). (-3; 2)

b). (1; 3)

c). (-3; -3)

d). (3; 3)

e). (3; -3)

EJERCICIO 26. Considere el paralelogramo ABCD tal que: A = (3; - 4); B = (6; 5) y C = (-3; -2), entonces las coordenadas del vértice D son:

a). (-6; -11)

b). (-6; 11)

c). (6; -11)

d). (-5; -10)

e). (-3; -5)

EJERCICIO 27. Considera los puntos A = (x; y); B = (2; 6) y C = (1/2; 9/2). Halla los valores de x e y para que C sea el punto medio del segmento de extremos A y B.

a). (-1; -5)

b). (-3; 3)

c). (-1; 3)

d). (1; 3)

e). (1; -3)

EJERCICIO 28. En un triángulo ABC, A = (-1; 3); B = (5; -5) y C = (11; -7) se traza la mediana AM. Calcular las coordenadas del baricentro (G) del triángulo AMC.

a). (-6; 10)

b). (6; -10/3)

c). (6; 10/3)

d). (10/3; 5)

e). (6; -5)

EJERCICIO 29. Hallar las coordenadas de los vértices de un triángulo cuyas coordenadas de los puntos medios de sus lados son: D = (3; 2); E = (-1; - 2) y F = (5; -4).

a). (-3; 11); (3; 0); (1; -3)

b). (-2; 4); (9; -2); (1; -6)

c). (3; 4); (9; -4); (1; 5)

d). (-3; 4); (9, 0); (1, -8)

e). (-3; 4); (9; 1); (3; -8)

EJERCICIO 30. Hallar las coordenadas del baricentro del triángulo de vértices A = (2; –3), B = (4; 1) y C = (–1; 2).

a). (5; 0)

b). (5/3; 0)

c). (3; 0)

d). (3/5; 0)

e). (5; 3)

Clave de Respuestas

Ejercicio 21. *c*

Ejercicio 22. *c*

Ejercicio 23. *d*

Ejercicio 24. *c*

Ejercicio 25. *e*

Ejercicio 26. *a*

Ejercicio 27. *c*

Ejercicio 28. *b*

Ejercicio 29. *d*

Ejercicio 30. *b*

División de un Segmento en una Razón Dada

Un matemático que no es en algún sentido un poeta, no será nunca un matemático completo.

Karl Weierstrass

La matemática expresa valores que reflejan el cosmos, incluyendo el orden, equilibrio, armonía, lógica y belleza abstracta.

Deepak Chopra

EJERCICIO 31. Hallar las coordenadas de un punto P = (x; y) que divida al segmento que determinan $P_1 = (4; -3)$ y $P_2 = (1; 4)$, en la relación r = 2.

a). (2; 3/5)

b). (2; 5/3)

c). 5/3; 3)

d). (2; 1/3)

e). (-2; 5/3)

EJERCICIO 32. Hallar las coordenadas de un punto P = (x; y) que divida al segmento que determinan $P_1 = (5; 3)$ y $P_2 = (-3; -3)$, en la relación r = 1/3.

a). (-3; 1/3)

b). (3; 2/3)

c). (3; 3/2)

d). (3; -3)

e). (3; 1/3)

EJERCICIO 33. Hallar las coordenadas de un punto P = (x; y) que divida al segmento que determinan $P_1 = (-2; 3)$ y $P_2 = (3; -2)$, en la relación r = 2/5.

a). 1/7; -4/7)

b). (-4/7; 1/7)

c). (-7; 11)

d). (-4; 11)

e). (-4/7; 11/7)

EJERCICIO 34. Hallar las coordenadas de un punto P = (x; y) que divida al segmento que determinan $P_1 = (0; 3)$ y $P_2 = (7; 4)$, en la relación r = -2/7.

a). (-14/5; 13/5)

b). (-14/5; -3/5)

c). (-14/5; 1/5)

d). (-14/5; 13/5)

e). (-14/5; -13/5)

EJERCICIO 35. Sabiendo que el punto (9; 2) divide al segmento que determinan los puntos $P_1 = (6; 8)$ y $P_2 = (x_2; y_2)$ en la relación r = 3/7. Hallar las Coordenadas de P_2.

a). (16; 12)

b). (-16; -12)

c). (16; -12)

d). (-16; 11)

e). (16; 14)

EJERCICIO 36. Hallar las coordenadas de un punto P = (x; y) que divida al segmento que determinan $P_1 = (-5; 2)$ y $P_2 = (1; 4)$, en la relación r = -5/3.

a). (10; 7)

b). (-10; -7)

c). (-10; 7)

d). (-7; 10)

e). (-7; -3)

EJERCICIO 37. Hallar las coordenadas de un punto P = (x; y) que divida al segmento que determinan $P_1 = (2; -5)$ y $P_2 = (6; 3)$, en la relación r = 3/4.

a). (26/7; -11)

b). (26/7; -11/7)

c). (26/7; -7)

d). (26/7; -11/3)

e). (26/7; -13/3)

EJERCICIO 38. Hallar las coordenadas de un punto P = (x; y) que divida al segmento determinado por $P_1 = (1; 7)$ y $P_2 = (6; -3)$ en la relación r = 2/3.

a). (2; 2)

b). (1; 1)

c). (3; 3)

d). (-3; -3)

e). (-1; -1)

EJERCICIO 39. Hallar las coordenadas de un punto p = (x; y) que divida al segmento determinado por $P_1 = (-2; 1)$ y $P_2 = (3; - 4)$ en la relación r = -8/3.

a). (6; -9)

b). (6; -5)

c). (6; 7)

d). (-6; -7)

e). (6; -7)

EJERCICIO 40. Encuentra las coordenadas de los puntos que dividen en 3 partes iguales al segmento formado por los puntos Q = (-3; 6) y R = (5; -1).

a). (-1/3; 1/3); (5/3; 4/3)

b). (1/3; 11/3); (7/3; 10/3)

c). (-1/3; 11/3); (7/3; 4/3)

d). (-1/3; -11/3); (-7/3; 4/3)

e). (-1/3; 11/3); (7/3; -4/3)

EJERCICIO 41. Hallar la suma de las coordenadas de los puntos de trisección del segmento de extremos A = (4; 6) y B = (8; 10)

a). 28

b). 83/3

c). 29

d). 82/3

e). 30

EJERCICIO 42. Hallar las coordenadas de un punto P = (x; y) que divide del segmento determinado por. P_1 = (1; 7) y P_2 = (6; -3) en la relación: r = 2/3.

a). (2; 2)

b). (1; 1)

c). (3; 3)

d). (4; 4)

e). (2; 3)

EJERCICIO 43. El segmento que une A = (−2; −1) con B = (2; 2) se prolonga hasta C. Si se sabe que: BC = 3AB, determine las coordenadas de C.

a). (14; 11)

b). (11; 14)

c). (10; 11)

d). (9; 12)

e). (13; 11)

EJERCICIO 44. El punto P = (6; -6/5), divide al segmento AB según la razón: r = 2/3; Si A = (2; - 6) entonces las coordenadas de B son:

a). (12; 6)

b). (-12; -5)

c). (12; 5)

d). (10; 6)

e). 9; 4)

EJERCICIO 45. El extremo de un diámetro de una circunferencia de centro C = (- 4; 1) es P_1 = (2; 6). Hallar las coordenadas P = (x; y) del otro extremo.

a). (10; 4)

b). (-10; -4)

c). (-10; -2)

d). (-10; -3)

e). (-3; 10)

EJERCICIO 46. Hallar dos puntos $P_1 = (x_1; y_1)$ y $P_2 = (x_2; y_2)$ que dividan al segmento que une A = (3; -1), con B = (9; 7) en tres partes iguales.

a). (5; 7); (3; 1/3)

b). (5; 2/3); (7; 7/3)

c). (5; 1/3); (7; 5/3)

d). (5; 5/3); (7; 13/3)

e). (5; 3); (7; -3)

EJERCICIO 47. Determinar las coordenadas del punto P = (x; y) que divide al segmento determinado por A = (-2; 5) y B = (10; -2) en la razón r = 2/3.

a). (14/5; 11/5)

b). (-14/5; 11/5)

c). (14/5; -11/5)

d). (13/5; 11/5)

e). (14/5; 17/5)

EJERCICIO 48. Hallar las coordenadas del punto P = (x; y) que divide al segmento determinado por A = (5; 3) y B = (-2; 8) en la razón r = ¾.

a). (2; 1/7)

b). (-2; 3/7)

c). (2; -36/7)

d). (-2; 36/7)

e). (2; 36/7)

EJERCICIO 49. Obtener las coordenadas del punto que divide al segmento con extremos A = (3: -1) y B = (-5; 5) en la razón r = 3/5.

a). (0; 4/5)
b). (5/4; 0)
c). (0; 5/4)
d). (0; ¾)
e). (0; 7/4)

Clave de Respuestas

Ejercicio 31. *b*

Ejercicio 32. *c*

Ejercicio 33. *e*

Ejercicio 34. *d*

Ejercicio 35. *c*

Ejercicio 36. *a*

Ejercicio 37. *b*

Ejercicio 38. *c*

Ejercicio 39. *e*

Ejercicio 40. *c*

Ejercicio 41. *a*

Ejercicio 42. *c*

Ejercicio 43. *a*

Ejercicio 44. *a*

Ejercicio 45. *b*

Ejercicio 46. *d*

Ejercicio 47. *a*

Ejercicio 48. *e*

Ejercicio 49. *c*

Ecuación de la Recta

La historia hace ilustrado al hombre; la poesía, ingenioso; la matemática, sutil

Francis Bacon

EJERCICIO 50. Hallar la pendiente de la recta que pasa por los puntos A = (-3; 2) y B = (7; -3).

a). 1/2

b). -1/2

c). 3/2

d). -3/2

e). 1

EJERCICIO 51. Una recta pasa por el punto P = (7; 8) y es paralela a la recta que pasa por los puntos Q = (-2; 2) y R = (3; -4). Hallar su ecuación.

a). 5x + 5y - 82 = 0

b). 6x + 7y - 82 = 0

c). 6x + 5y - 62 = 0

d). 6x + 5y - 82 = 0

e). 3x + 2y - 82 = 0

EJERCICIO 52. Hallar el área del triángulo formado por los ejes coordenados y la recta de ecuación: $\mathscr{L}$: 5x + 4y + 20 = 0.

a). $19u^2$

b). $30u^2$

c). $21u^2$

d). $24u^2$

e). $20u^2$

EJERCICIO 53. Si la recta $\mathscr{L}_1$ que contiene a los puntos A = (1; -2) y B = (3; a), es perpendicular a la recta $\mathscr{L}_2$ que contiene a los puntos C = (-3; 1) y D = (a; 4), hallar el valor de: $5m_1+m_2$.

a). 5

b). 7

c). 4

d). 2

e). 10

EJERCICIO 54. De la Figura adjunta, determine el área de la región sombreada.

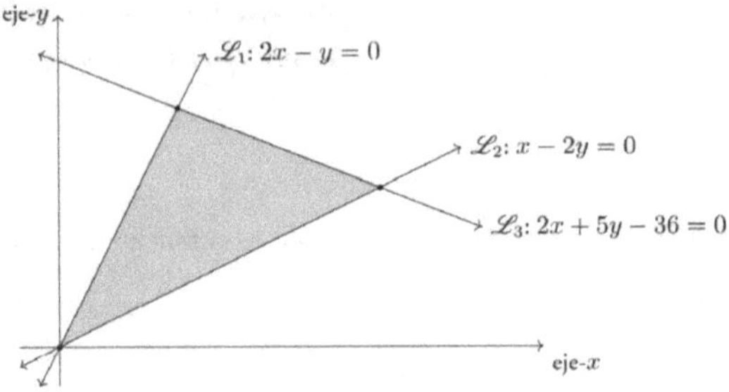

a). $16u^2$

b). $18u^2$

c). $12u^2$

d). $10u^2$

e). $24u^2$

EJERCICIO 55. En la Figura adjunta, M es punto medio del segmento de extremos A y B. Determine una ecuación de la recta perpendicular a la recta $\mathscr{L}$, que pasa por B.

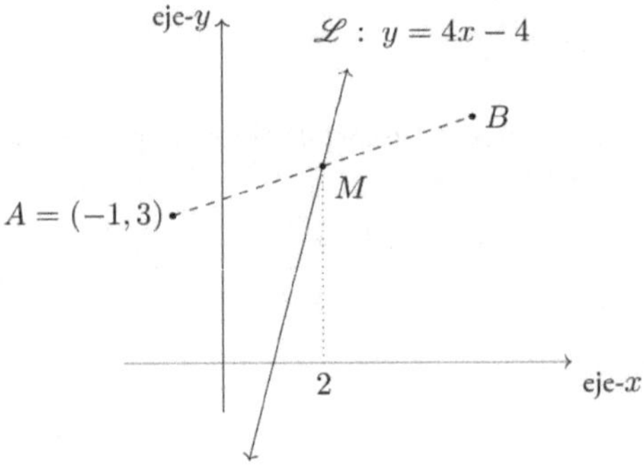

a). $4y - x - 11 = 0$

b). $3y + x + 11 = 0$

c). $4y + x - 25 = 0$

d). $4y + x - 35 = 0$

e). $4y - 3x - 12 = 0$

EJERCICIO 56. Hallar k para que la recta 4kx + (k-2)y - 20 = 0; sea paralela a la recta $\mathscr{L}$: 6x + 5y – 10 = 0

a). 3/7

b). -7/9

c). -9/7

d). -6/7

e). 3/7

EJERCICIO 57. Una tienda vendió 20 polos en un mes cuando el precio de cada uno era de 25 soles. Cuando fijo el precio en 30 soles vendió 15 polos. Estime la ecuación de demanda suponiendo que existe una relación lineal entre la demanda, q, y el precio, p.

a). p – q + 45 = 0

b). p + q - 15 = 0

c). p + q - 30 = 0

d). p + q - 5 = 0

e). p + q - 45 = 0

EJERCICIO 58. María va a comprar los discos que se utilizarán en la materia de informática para todo su grupo, el vendedor le dice que, si compra 10 discos el precio será de 10 soles cada uno, si compra 20 discos el precio será 9,5 soles cada uno. Si María compra 50 discos ¿Cuánto costará cada uno?

a). 8,5 soles

b). 7 soles

c). 8 soles

d). 7,5 soles

e). 11 soles

EJERCICIO 59. A un congreso de matemática asistieron 43 invitados entre extranjeros y peruanos los organizadores han decidido reservar 12 bocadillos para cada extranjero y 8 bocadillos para cada peruano si esa noche se consumieron la totalidad de lo provisto (416 bocadillos) ¿Cuantos extranjeros asistieron?

a). 15

b). 16

c). 17

d). 18

e). 20

EJERCICIO 60. El ritmo cardíaco r (en latidos por minuto) de un gato es función lineal de su temperatura corporal t (en grados Centígrados). En condiciones de laboratorio un gato con 37°C tiene un ritmo cardíaco de 200 pulsaciones por minuto, y de 150 si su temperatura es de 32°C. ¿A qué temperatura corporal su ritmo cardíaco es de 100 pulsaciones por minuto?

a). 25°

b). 28°

c). 32°

d). 29°

e). 27°

EJERCICIO 61. Se venden 10 relojes cuando su precio es de 80 dólares y 20 relojes cuando el precio es de 60 dólares ¿cuál es la ecuación de la demanda?

a). $2q + p - 100 = 0$

b). $2q - p + 100 = 0$

c). $3q + p - 50 = 0$

d). $3q - p - 100 = 0$

e). $5q - p + 100 = 0$

EJERCICIO 62. Cuando el precio de cierto tipo de cámaras fotográficas es, por ejemplo, de 50 dólares, se ofrecen 50 de ellas en el mercado; si el precio es de 75 dólares hay una disponibilidad de 100 cámaras ¿cuál es la ecuación de la oferta?

a). $q - 5p + 50 = 0$

b). $3q - 5p - 100 = 0$

c). $q - 2p + 50 = 0$

d). $q - 3p - 50 = 0$

e). $q - 5p - 75 = 0$

EJERCICIO 63. Suponga que el costo fijo de producción de un artículo es de 5 mil dólares, el costo variable, de 7,5 dólares por unidad, y que el artículo se vende a 10 dólares la unidad ¿cuál es la producción o cantidad correspondiente al equilibrio?

a). 1.000,00 artículos

b). 2.000,00 artículos

c). 1.500,00 artículos

d). 3.000,00 artículos

e). 2.500,00 artículos

EJERCICIO 64. Calcular el ángulo entre las rectas: $\mathscr{L}_1 : 4x - y - 7 = 0$ y $\mathscr{L}_2 : 4x - 7y - 6 = 0$

a). 56°

b). 49°

c). 46°

d). 76°

d). 39°

e). 52°

EJERCICIO 65. Las rectas $\mathscr{L}_1$: 3x + y - 1= 0 y $\mathscr{L}_2$ se intersecan en el punto (3/4,-5/4) y forman un ángulo cuya tg. es –2; si el lado inicial del ángulo esta sobre la recta $\mathscr{L}_1$ determinar la ecuación de la recta $\mathscr{L}_2$.

a). 4x - 8y + 7 = 0

b). 2x + 2y + 1 = 0

c). x – y - 2 = 0

d). 2x - 2y + 3 = 0

e). 8x - 4y - 11 = 0

EJERCICIO 66. Dado el triángulo de vértices A = (-5; -2); B = (-1; 8) y C = (6; -4). Hallar la ecuación de la altura relativa al lado AB.

a). 9y + 2x - 8 = 0

b). 5y + 2x + 8 = 0

c). 9y - 2x - 5 = 0

d). 5y + 5x + 7 = 0

e). 5y + 2x - 11 = 0

EJERCICIO 67. Determine la distancia entre las rectas: $\mathscr{L}_1$: 3x - 4y + 36 = 0 y $\mathscr{L}_2$: 3x - 4y - 48 = 0.

a). 16,8u

b). 2,4u

c). 16,4u

d). 2,7u

e). 16,9

EJERCICIO 68. Hallar k para que la recta 5kx + (k+11)y - 28 = 0; sea paralela a la recta 6x + 5y + 17 = 0.

a). 66/19

b). 66/17

c). 76/19

d). 56/19

e). 66/29

EJERCICIO 69. Considere el triángulo cuyos vértices son: A = (-2; 1); B = (4; 7) y C = (6; -3). Hallar las ecuaciones de las rectas que pasan por el vértice B y trisecan el lado opuesto AC.

a). 11x - 3y + 9 = 0; 11x + 7y - 9 = 0

b). 11x - 5y - 9 = 0; 13x – y - 45 = 0

c). $11x + 10y - 18 = 0$; $11x + y - 5 = 0$

d). $11x - y + 10 = 0$; $11x - y + 19 = 0$

e). $11x + 13y + 7 = 0$; $11x - 5y - 32 = 0$

EJERCICIO 70. Calcular el menor ángulo formado por las rectas: $\mathscr{L}_1 : 3x - 2y + 4 = 0$ y $\mathscr{L}_2 : 4x - 5y + 35 = 0$.

a). 19,65°

b). 18,75°

c). 17,65°

d). 21°

e). 16,85°

EJERCICIO 71. A un partido de fútbol entre Perú y Chile acuden 10.000,00 personas se sabe que se vendieron entradas a S/50 y a S/30 y, que en total se ha recaudado S/420.000,00 averigüe el número de entradas que se vendieron de cada clase.

a). 7000 y 3000

b). 6000 y 4000

c). 8000 y 2000

d). 7500 y 2500

e). 6000 y 2500

EJERCICIO 72. Cristina va a comprar zapatos para su familia, la vendedora le dice, si me compras un par el precio es 120 soles, pero si me compras media docena, la media docena te sale a 630 soles. Estime la ecuación de demanda suponiendo que existe una relación lineal entre la demanda, q, y el precio, p.

a). $2p + 3q + 123 = 0$

b). $p + q - 123 = 0$

c). $p + 2q + 123 = 0$

d). $p + 3q - 123 = 0$

e). $3p + q - 123 = 0$

EJERCICIO 73. Determinar los valores de A y de B en la ecuación $Ax - By + 4 = 0$ si pasa por los puntos $M = (-3; 1)$ y $N = (1; 6)$ e indique el valor de A - B.

a). 3/19

b). 4/19

c). 7/19

d). 36/19

e). 11/19

EJERCICIO 74. Determinar el valor de k para que la distancia del origen a la recta: $x + ky - 7 = 0$; sea 2 e indique el valor de k^2.

a). 45/4

b). 43/4

c). 35/4

d). 25/4

e). 55/4

EJERCICIO 75. Los vértices de un triángulo son P = (2; 3); Q = (4; 6); R = (6; 1) halle la ecuación de la recta que contiene a la altura relativa al lado PR.

a). $y = 7x - 5$

b). $y = 5x + 2$

c). $y = 3x - 2$

d). $y = x - 2$

e). $y = 2x - 2$

EJERCICIO 76. La ecuación de la recta que pasa por el punto H = (5; 6) y por el baricentro del triángulo con vértices en los puntos P = (4; -3); Q = (- 4; 11) y R = (-6; 1), *es:*

a). $3x - 7y + 54 = 0$

b). $3x + 7y + 27 = 0$

c). $3x - 7y + 27 = 0$

d). $x - 7y + 17 = 0$

e). $2x + 7y - 23 = 0$

EJERCICIO 77. Las rectas $\mathscr{L}_1 : 2x - 3y + 5 = 0$, $\mathscr{L}_2 : ax + 4y - 10 = 0$; son paralelas, calcular el valor de a:

a). -8/5

b). -8/3

c). -8/7

d). -1

e). 1/2

EJERCICIO 78. Hallar el área del triángulo cuyo lados son las rectas: $\mathscr{L}_1 : x = 0$; $\mathscr{L}_2 : x + y - 1 = 0$; $L_3 : y = x$

a). $(7/4)u^2$

b). $(5/4)u^2$

c). $(1/4)u^2$

d). $(3/4)u^2$

e). $1u^2$

EJERCICIO 79. Si el punto (4; m) pertenece a la recta $\mathscr{L}$: $3x - 5y + 15 = 0$; calcular el valor de m.

a). 1

b). 2

c). 6,3

d). 5,4

e). 10

EJERCICIO 80. Una empresa de turismo ha observado que cuando el precio de un viaje es de 1.500,00 dólares se venden cuarenta asientos, pero si el precio sube a 1.800,00 las ventas bajan a 30 asientos. Encuentre la ecuación de la recta que representa la situación.

a). 10p + 3q - 15.120 = 0

b). 10p - 3q - 15.120 = 0

c). 2p + 3q - 15.120 = 0

d). 10p + 7q - 15.120 = 0

e). 11p + 3q - 15.120 = 0

Clave de Respuestas

Ejercicio 50. *b*

Ejercicio 51. *d*

Ejercicio 52. *e*

Ejercicio 53. *c*

Ejercicio 54. *b*

Ejercicio 55. *c*

Ejercicio 56. *d*

Ejercicio 57. *e*

Ejercicio 58. *c*

Ejercicio 59. *d*

Ejercicio 60. *e*

Ejercicio 61. *a*

Ejercicio 62. *c*

Ejercicio 63. *b*

Ejercicio 64. *c*

Ejercicio 65. *c*

Ejercicio 66. *b*

Ejercicio 67. *a*

Ejercicio 68. *a*

Ejercicio 69. *b*

Ejercicio 70. *c*

Ejercicio 71. *b*

Ejercicio 72. *d*

Ejercicio 73. *b*

Ejercicio 74. *a*

Ejercicio 75. *e*

Ejercicio 76. *c*

Ejercicio 77. *b*

Ejercicio 78. *d*

Ejercicio 79. *d*

Ejercicio 80. *a*

Ecuación de la Circunferencia

La matemática no miente, miente quien hace mal uso de ella.

Albert Einstein

EJERCICIO 81. Si la ecuación de una circunferencia es: $x^2 + y^2 - 3x + 5y - 14 = 0$, entonces r^2 es igual a:

a). 11,5u

b). 22,5u

c). 22u

d). 22,2u

e). 11u

EJERCICIO 82. La ecuación de una circunferencia con centro en C = (-2; 3) y tangente a la recta $2x - y - 2 = 0$ es:

a). $5x^2 + 5y^2 + 20x - 30y - 16 = 0$

b). $x^2 + y^2 + 4x - 6y + 13 = 0$

c). $5x^2 + 5y^2 + 20x - 30y + 16 = 0$

d). $x^2 + y^2 + 4x - 6y + 16 = 0$

e). $5x^2 + 5y^2 + 20x + 30y + 16 = 0$

EJERCICIO 83. Calcular el área del cuadrado inscrito en la circunferencia: $x^2 + y^2 - 14x - 18y + 9 = 0$

a). $240u^2$

b). $245u^2$

c). $238u^2$

d). $242u^2$

e). $243u^2$

EJERCICIO 84. Hallar el valor de k para que la ecuación $x^2 + y^2 - 8x + 10y + k = 0$ represente una circunferencia de radio 7.

a). 7

b). 8

c). -8

d). 10

e). 4

EJERCICIO 85. Hallar la ecuación de la circunferencia con centro en C = (3; -1) de modo que la recta 2x - 5y + 18 = 0 determine en ella una cuerda de 6u de longitud.

a). $x^2 + y^2 - 6x + 2y - 19 = 0$

b). $x^2 + y^2 - 6x + 2y - 28 = 0$

c). $x^2 + y^2 - 6x + y - 28 = 0$

d). $x^2 + y^2 - 6x + 2y + 28 = 0$

e). $x^2 + y^2 - 6x + 2y + 18 = 0$

EJERCICIO 86. De la figura adjunta determine el área del trapecio de la región sombreada. Siendo O_1, O_2 los centros y T_1, T_2 los puntos de tangencias con el eje de abscisas de las circunferencias $\mathscr{C}_1$ y $\mathscr{C}_2$, respectivamente.

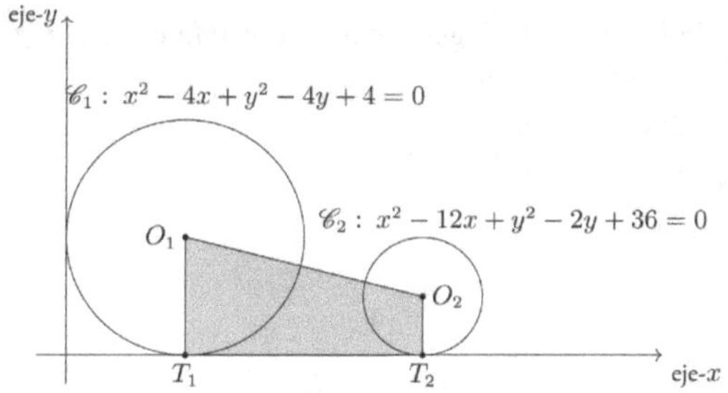

a). $6u^2$

b). $8u^2$

c). $10u^2$

d). $12u^2$

e). $8{,}5u^2$

EJERCICIO 87. Hallar la ecuación de la circunferencia (ubicada en el I cuadrante) tangente de los ejes coordenados de modo que la distancia de su centro al origen de coordenadas sea: $3\sqrt{2}$u.

a). $x^2 + y^2 + 6x + 6y + 9 = 0$

b). $x^2 + y^2 - 6x - 6y + 9 = 0$

c). $x^2 + y^2 - 10x - 10y + 25 = 0$

d). $x^2 + y^2 + 4x + 4y + 4 = 0$

e). $x^2 + y^2 - 4x - 4y + 4 = 0$

EJERCICIO 88. Calcular la distancia del punto P= (27; 5) a la circunferencia $x^2 + y^2 - 6x + 4y - 23 = 0$:

a). 16u

b). 17u

c). 18u

d). 19u

e). 20u

EJERCICIO 89. Hallar la ecuación de la recta tangente a la circunferencia: $x^2 + y^2 + 2x - 2y - 23 = 0$; en el punto P= (2; 5).

a). $3x - 4y - 26 = 0$

b). $4x - 3y - 26 = 0$

c). $3x + 4y - 26 = 0$

d). $4x + 3y - 26 = 0$

e). $6x + 2y - 13 = 0$

EJERCICIO 90. Hallar la ecuación general de la circunferencia que pasa por los puntos A = (2; -2); B = (-1; 4) y C = (4; 6).

a). $6x^2 + 6y^2 - 32x - 25y + 34 = 0$

b). $6x^2 - 6y^2 - 32x - 25y + 34 = 0$

c). $6x^2 + 6y^2 + 32x - 25y + 34 = 0$

d). $6x^2 + 6y^2 - 32x + 25y + 34 = 0$

e). $6x^2 + 6y^2 - 32x - 25y - 34 = 0$

EJERCICIO 91. Para que valores de k la ecuación: $2x^2 + 2y^2 - 5ky + 25 = 0$; no representa lugar geométrico.

a). R- [-8, 8]

b). $(-2\sqrt{2}; 2\sqrt{2})$

c). R

d). 9/4

e). <-4, 4>

EJERCICIO 92. Sea la ecuación de la circunferencia $\mathscr{C}$: $x^2 + y^2 - 4x - 8y - 30 = 0$; determine la recta tangente a dicha circunferencia en el punto P = (1; -3).

a). $7y + x + 20 = 0$

b). $7y - x + 20 = 0$

c). $7y + 2x - 2\ 0 = 0$

d). $7y + 3x + 20 = 0$

e). $7y + x - 4\ 0 = 0$

EJERCICIO 93. Hallar la ecuación de la circunferencia que pasa por los puntos A = (-4, 3) y B= (-5, -2); y tiene su centro sobre la recta $\mathscr{L}_1 : x + y + 2 = 0$.

a). $(x+2)^2 + y^2 = 23$

b). $(x+2)^2 + y^2 = 13$

c). $(x+2)^2 + y^2 = 9$

d). $(x-2)^2 + y^2 = 13$

e). $(x-3)^2 + y^2 = 15$

EJERCICIO 94. Hallar la ecuación de la circunferencia que pasa por los puntos P = (0; 0); Q = (- 3; 0) y R = (2; -1).

a). $x^2 + y^2 + 3x - 11y = 0$

b). $x^2 + y^2 - 3x + 11y = 0$

c). $x^2 + y^2 + 5x - 22y = 0$

d). $x^2 + y^2 - 7x + 13y = 0$

e). $x^2 + y^2 + 3x + 11y = 0$

EJERCICIO 95. Considere la circunferencia $\mathscr{C}$: $4x^2 + 4y^2 - 24x - 40y + 111= 0$, encontrar la longitud de la circunferencia.

a). $5\pi u$

b). $4\pi u$

c). $3\pi u$

d). $6\pi u$

e). $6{,}5\pi u$

EJERCICIO 96. Encontrar la ecuación de la recta tangente a la circunferencia $\mathscr{C}$: $x^2 + y^2 = 25$, en el punto S = (3; 4).

a). $4x - 3y - 4 = 0$

b). $4x + 3y - 35 = 0$

c). $4y + 3x - 15 = 0$

d). $4x - 3y + 25 = 0$

e). $4y + 3x - 25 = 0$

EJERCICIO 97. Una banda se ajusta estrechamente alrededor de dos circunferencias cuyas ecuaciones son: $\mathscr{C}_1 : (x+4)^2 + (y-2)^2 = 9$; y $\mathscr{C}_2 : x^2 - 10x + y^2 - 8y + 32 = 0$; ¿Cuál es la longitud de esta banda?

a). $(6\pi+2\sqrt{85})u$

b). $6\pi u$

c). $(6\pi+\sqrt{85})u$

d). $(6\pi+2)u$

e). $(6\pi+3\sqrt{85})u$

EJERCICIO 98. El área de la región (ubicada en el primer cuadrante) limitada por la recta $\mathscr{L} : x + y - 2 = 0$ y la circunferencia $\mathscr{C} : x^2 + y^2 - 4 = 0$ es:

a). $(\pi-3)u^2$

b). $(\pi\text{-}1)u^2$

c). $(2\pi\text{-}1)u^2$

d). $(2\pi\text{-}2)u^2$

e). $(\pi\text{-}2)u^2$

EJERCICIO 99. Hallar la ecuación de la circunferencia que pasa por los puntos A = (4; - 1) y B = (-1; -2), tal que la recta $\mathscr{L}$: x + y = 2 pasa por su centro.

a). $x^2 + y^2 + 2x + 2y + 11 = 0$

b). $x^2 + y^2 - 2x - 2y - 11 = 0$

c). $x^2 + y^2 - 4x - 4y + 1 = 0$

d). $x^2 + y^2 - x - y + 22 = 0$

e). $x^2 + y^2 - 3x + 4y - 11 = 0$

EJERCICIO 100. Hallar la ecuación de la circunferencia (ubicada en el I cuadrante) tangente de los ejes coordenados de modo que la distancia de su centro al origen de coordenadas sea: $3\sqrt{2}u$

a). $x^2 + y^2 + 6x + 6y + 9 = 0$

b). $x^2 + y^2 - 6x - 6y + 9 = 0$

c). $x^2 + y^2 - 10x - 10y + 25 = 0$

d). $x^2 + y^2 + 4x + 4y + 4 = 0$

e). $x^2 + y^2 - 4x - 4y + 4 = 0$

Clave de Respuestas

Ejercicio 81. *a*
Ejercicio 82. *c*
Ejercicio 83. *d*
Ejercicio 84. *c*
Ejercicio 85. *b*
Ejercicio 86. *a*
Ejercicio 87. *b*
Ejercicio 88. *d*
Ejercicio 89. *c*
Ejercicio 90. *e*
Ejercicio 91. *b*
Ejercicio 92. *a*
Ejercicio 93. *b*
Ejercicio 94. *e*
Ejercicio 95. *a*
Ejercicio 96. *e*
Ejercicio 97. *a*
Ejercicio 98. *e*
Ejercicio 99. *b*
Ejercicio 100. *b*

Ecuación de la Parábola

Obvio es la palabra más peligrosa del mundo en matemática.

E. T. Bell

EJERCICIO 101. Dada la ecuación de la parábola $x^2 + 4x + 2y - 3 = 0$; exprese dicha ecuación en su forma canónica e indique h + k + p.

a). 3/2

b). 3

c). 1/2

d). 1

e). 2

EJERCICIO 102. La recta $2x + y - 2 = 0$ determina en la parábola $2x^2 - 4x - y - 2 = 0$ una cuerda de longitud

a). $2\sqrt{5}$u

b). $5\sqrt{3}$u

c). $3\sqrt{3}$u

d). $2\sqrt{3}$u

e). $3\sqrt{5}$u

EJERCICIO 103. P es una parábola de ecuación: $x^2 + y - 4x + 6 = 0$, que corta al eje y en el punto A. Hallar el área del triángulo AVF, Si V y F son el vértice y el foco respectivamente de P.

a). $(1/4)u^2$

b). $1u^2$

c). $2u^2$

d). $(1/2)u^2$

e). $(3/4)u^2$

EJERCICIO 104. Un arco parabólico tiene 9m de altura y 12m de ancho. Si la parte superior del arco es el vértice de la parábola, ¿a qué altura sobre la base tiene la parábola un ancho de 8m?:

a). 5m

b). 8m

c). 12m

d). 16m

e). 11m

EJERCICIO 105. El agua que fluye de un grifo horizontal que está a 25m del piso describe una curva parabólica con vértice en el grifo, si a 21m del piso el flujo del agua se ha alejado 10m de la recta vertical que pasa por el grifo ¿a qué distancia de esta recta vertical tocara el agua el suelo?:

a). 15m

b). 20m

c). 25m

d). 30m

e). 18m

EJERCICIO 106. Hallar el área del triángulo que se forma al interceptar la parábola: $x^2 - 4x - y + 3 = 0$; y la recta $y = x - 1$; más el vértice de la parábola:

a). $1u^2$

b). $2u^2$

c). $3u^2$

d). $4u^2$

e). $5u^2$

EJERCICIO 107. La función ganancia f(x) obtenida por fabricar y vender x unidades de sillas está dada por $f(x) = 60x - x^2$; el número de unidades que debe producirse y venderse con el propósito de obtener la mayor ganancia es:

a). 50

b). 30

c). 40

d). 10

e). 20

EJERCICIO 108. Un depósito de agua tiene sección transversal parabólica, cuando el nivel AB del agua alcanza una altura de 6m, su longitud AB mide 24m. ¿Cuál será la longitud ST del nivel del agua, cuando el nivel del agua descienda 4m?

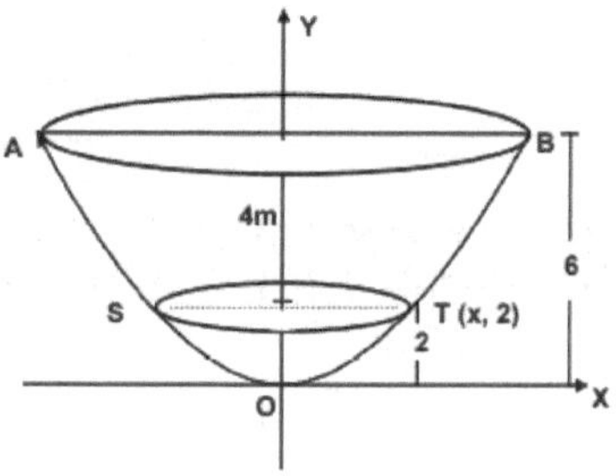

a). $4\sqrt{3}$m

b). $8\sqrt{3}$m

c). $6\sqrt{3}$m

d). $10\sqrt{3}$m

e). $2\sqrt{3}$m

EJERCICIO 109. La gráfica muestra la trayectoria de un misil Exocet, el cual describe una parábola de eje vertical, el misil alcanza su máxima altura V= (800, 1.000) e impacta en la ladera de la colina OBC en el punto A. Hallar la ecuación de la trayectoria del misil y las coordenadas del punto de impacto, si B = (1.600, 1.400).

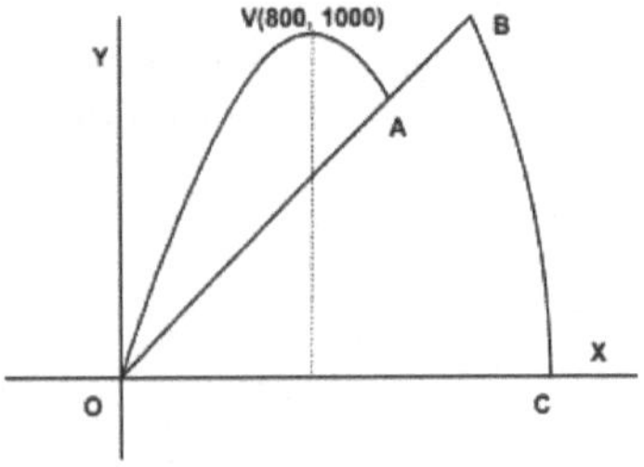

a). $x^2 + 1.200x - 480y$; (2.060, 870)

b). $x^2 + 1.500x - 640y$; (1.080, 920)

c). $x^2 - 1.800x + 540y$; (1.060, 960)

d). $x^2 + 1.600x + 640y$; (1.020, 980)

e). $x^2 - 1.600x + 640y$; (1.040, 910)

EJERCICIO 110. Un gallo ajiseco de pelea gana en buena lid, y se dirige a recibir su premio en el que consiste un saco de maíz, para ello realiza una trayectoria parabólica (eje horizontal) y que pasa por los puntos A = (6; 4) B = (0; -2) C = (6; -4) determinar la ecuación que representa la trayectoria del gallo:

a). $y^2 - 2x + 4 = 0$

b). $y^2 + 2x - 4 = 0$

c). $y^2 - 2x - 4 = 0$

d). $y^2 - 4x + 1 = 0$

e). $y^2 - 3x - 3 = 0$

EJERCICIO 111. De la Figura adjunta se sabe que C es el centro de la circunferencia. Determine las coordenadas de los puntos A, B, C y D. Además calcule el área de la región sombreada.

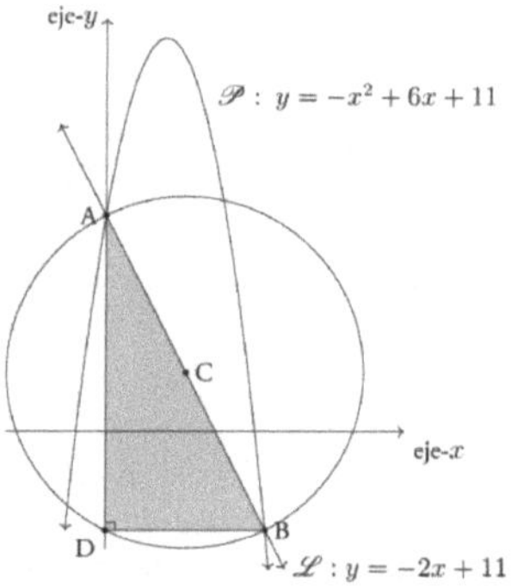

a). $60u^2$

b). $62u^2$

c). $64u^2$

d). $66u^2$

e). $68u^2$

EJERCICIO 112. Considere la parábola $x^2 - 12y - 8x - 44 = 0$; que corta al eje y en el punto P. Hallar el área del triángulo PVF, si V y F son el vértice y el foco respectivamente.

a). $12u^2$

b). $13u^2$

c). $14u^2$

d). $20u^2$

e). $11u^2$

EJERCICIO 113. Determinar la ecuación de la parábola cuyo eje focal es paralelo al eje x, sabiendo que pasa por los puntos: P = (-2; 1); Q = (-1; 3) y R = (1; 2).

a). $5y^2 + 2x - 21y + 20 = 0$

b). $5y^2 + 2x + 21y + 20 = 0$

c). $5y^2 - 2x - 21y + 20 = 0$

d). $y^2 + 2x - 21y + 20 = 0$

e). $5y^2 + 2x - 21y + 11 = 0$

EJERCICIO 114. Se lanza una piedra, siendo su trayectoria una parábola, la máxima altura que alcanza la piedra es 8m. y cae 32m más allá del punto en que se lanzó la piedra. Hallar la altura que alcanzó la piedra 24m más allá del punto en que fue lanzada.

a). 9m.

b). 7m.

c). 8m.

d). 12m

e). 6m.

EJERCICIO 115. Considere la ecuación general de la parábola, $\mathscr{P}$: $x^2 + 8y + 4x - 36 = 0$; determine sus elementos y señale $(h + k)^p$.

a). 1

b). 3

c). 1/3

d). 1/9

e). 9

EJERCICIO 116. Encontrar la ecuación de la recta tangente a la parábola: $3y^2 - 4x + 6y - 5 = 0$; en el punto Q = (10; 3).

a). $x - 6y - 8 = 0$

b). $x - 6y + 8 = 0$

c). $2x - 6y - 8 = 0$

d). $x - 6y - 10 = 0$

e). $x - 6y - 11 = 0$

EJERCICIO 117. Un túnel tiene forma de arco parabólico, de 5m de altura y 4m de ancho, la empresa de transportes CIVA S. A. se dedica al transporte cuyo recorrido pasa por el túnel, quiere comprar una flota de camiones de 3m de ancho. Hallar la ecuación general de la parábola que representa al túnel y la máxima altura que deben tener los camiones.

a). $5x^2 + 4y - 20 = 0$; (35/16)m

b). $5x^2 + 4y - 20 = 0$; (35/11)m

c). 5x2 + 4y + 20 = 0; (35/15)m

d). $x^2 + 4y - 30 = 0$; (35/12)m

e). $x^2 - 5y - 25 = 0$; (35/17)m

EJERCICIO 118. Un depósito de agua tiene sección transversal de forma parabólica, si cuando el nivel del agua alcanza una altura de 12m su ancho mide 28m, cuando el nivel del agua desciende 8m el nuevo ancho del nivel del agua (en m.) es:

a). $(28\sqrt{3})/3$

b). $(24\sqrt{3})/3$

c). $(14\sqrt{3})/3$

d). $(30\sqrt{3})/3$

e). $(22\sqrt{3})/3$

EJERCICIO 119. Cuál es el valor de $m \neq 0$; para que las coordenadas del foco de la parábola de ecuación: $x^2 + 4x - 4my - 8 = 0$; sumen cero.

a). m = 3 ó m = 1

b). m = -3 ó m = -1

c). m = -2 ó m = -1

d). m = 2 ó m = -1

e). m = 3 ó m = -1

EJERCICIO 120. Se tiene la parábola P de ecuación $y^2 - 16x = 0$ y la recta de ecuación $x + y - 5 = 0$. Determine los puntos de intersección entre $\mathscr{P}$ y $\mathscr{L}$, e indique la suma de sus coordenadas.

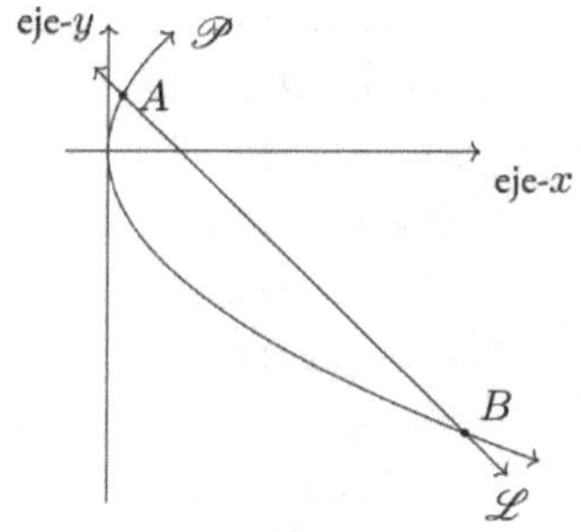

a). 10,5

b). 11

c). 10

d). 9,5

e) 10

Clave de Respuestas

Ejercicio 101. *d*

Ejercicio 102. *e*

Ejercicio 103. *a*

Ejercicio 104. *a*

Ejercicio 105. *c*

Ejercicio 106. *c*

Ejercicio 107. *b*

Ejercicio 108. *b*

Ejercicio 109. *e*

Ejercicio 110. *c*

Ejercicio 111. *c*

Ejercicio 112. *c*

Ejercicio 113. *a*

Ejercicio 114. *e*

Ejercicio 115. *d*

Ejercicio 116. *b*

Ejercicio 117. *a*

Ejercicio 118. *a*

Ejercicio 119. *e*

Ejercicio 120. *e*

Ecuación de la Elipse

Si comenzase de nuevo mis estudios, seguiría el consejo de Platón y comenzaría con la matemática.

Galileo Galilei

EJERCICIO 121. Hallar la longitud del lado recto de la elipse cuyos vértices son: $V_1 = (3; 5)$ y $V_2 = (3; -1)$; $e = 1/3$

a). 16

b). 16/3

c). 20

d). 20/3

e). 3

EJERCICIO 122. Un satélite viaja alrededor de la tierra en una órbita elíptica, donde la tierra es un foco y la excentricidad: $e = 1/3$, la distancia más corta a la que se acerca el satélite a la tierra es 300 millas hallar la distancia más grande a la que se aleja el satélite de la tierra:

a). 100 millas

b). 200 millas

c). 400 millas

d). 600 millas

e). 800 millas

EJERCICIO 123. Halle la ecuación general de la elipse en: $C = (2; -3)$; $2a = 10$; $2c = 8$ y el eje paralelo a x:

a). $4x^2 + 9y^2 - 16x + 25y - 36 = 0$

b). $9x^2 + 25y^2 - 36x - 150y = 0$

c). $9x^2 + 25y^2 + 36x - 150y - 36 = 0$

d). $x^2 + 9y2 - 36x + 150y + 36 = 0$

e). $9x^2 + 25y^2 - 36x + 150y + 36 = 0$

EJERCICIO 124. En la ecuación de la elipse $25x^2 + 16y^2 = 400$, hallar el perímetro del triángulo F_1 y F_2 y P siendo F_1 y F_2 los focos y P un punto cualquiera de la elipse, distinto de los vértices:

a). 12u

b). 14u

c). 16u

d). 18u

e). 20u

EJERCICIO 125. El arco de un túnel es de forma semielíptica, tiene un ancho en la parte más baja de 48m y una altura en el centro de 20m. ¿Qué ancho tiene el túnel a la mitad de su altura?

a). 24m.

b). $12\sqrt{3}$m

c). $24\sqrt{3}$m

d). 12m.

e). $24\sqrt{5}$m

EJERCICIO 126. Una pista de automóviles de carrera tiene forma de elipse, el eje mayor mide 10km. Y el eje menor 6km. Determine la distancia a la que se encuentra un automóvil del centro de la pista en el momento en que pasa a la altura de uno de los focos.

a). $(\sqrt{481}/3)$km

b). $(\sqrt{481}/5)$km

c). $(\sqrt{481}/7)$km

d). (881/11)km

e). $(\sqrt{381}/6)$km

EJERCICIO 127. Considere la ecuación de la elipse: $25x^2 + 16y^2 + 100x - 96y - 156 = 0$, determine el lado recto (LR) y bosqueje su gráfica.

a). (32/5)u

b). (33/5)u

c). (31/3)u

d). (41/5)u

e). (37/3)u

EJERCICIO 128. La distancia entre directrices de una elipse es 24u determinar su ecuación si los focos son: $F_1 = (1; 2)$ y $F_2 = (-5; 2)$

a). $3(x+2)^2 + 4(y-2)^2 = 108$

b). $3(x-2)^2 + 4(y+2)^2 = 108$

c). $3(x+2)^2 + 4(y+2)^2 = 108$

d). $3(x-2)^2 + 4(y-2)^2 = 108$

e). $2(x+2)^2 + (y-2)^2 = 108$

EJERCICIO 129. Considere ecuación de la elipse $25x^2 + 16y^2 = 400$, hallar el área (en unidades al cuadrado) del triángulo cuyos vértices son F_1, F_2 y R; donde F_1 y F_2 son los focos de la elipse y R es el punto de intersección entre la elipse y la recta y = x (I cuadrante).

a). $(61\sqrt{41})/41$

b). $(60\sqrt{41})/43$

c). $(60\sqrt{41})/41$

d). $(30\sqrt{41})/41$

e). $(15\sqrt{41})/41$

EJERCICIO 130. Hallar la ecuación de la elipse con centro en el origen y eje focal sobre el eje x, la curva pasa por el punto P = (2; 3) y el lado recto es el tripe de la semidistancia focal.

a). $3x^2 + 4y^2 = 48$

b). $2x^2 + 3y^2 = 48$

c). $5x^2 + 4y^2 = 44$

d). $3x^2 + 7y^2 = 46$

e). $8x^2 + 4y^2 = 48$

EJERCICIO 131. Hallar la ecuación de la elipse de la forma $a^2x^2 + b^2y^2 = a^2b^2$, sabiendo que la distancia entre sus directrices es: $49/\sqrt{10}$, y su excentricidad: $(2\sqrt{10})/7$.

a). $49x^2 + 9y^2 = 464$

b). $49x^2 + 25y^2 = 441$

c). $49x^2 + 26y^2 = 440$

d). $49x^2 + 4y^2 = 441$

e). $49x^2 + 9y^2 = 441$

EJERCICIO 132. En la elipse de ecuación $9x^2 + 16y^2 = 576$, se inscribe un cuadrado, halle la suma de las coordenadas del vértice del cuadrado, ubicado en el tercer cuadrante.

a). - 14

b). - 9,6

c). -12,4

d). – 6,7

e). – 13,1

EJERCICIO 133. Considere la ecuación de la elipse: $4x^2 + 9y^2 - 48x + 72y + 144 = 0$; calcule usted la longitud de sus ejes (2a + 2b).

a). 24

b). 12

c). 18

d). 20

e). 30

EJERCICIO 134. Hallar el centro de la elipse cuya ecuación es: $9x^2 + 4y^2 + 18x - 16y - 11 = 0$

a). (-1; 2)

b). (1; -2)

c). (1; 2)

d). (-2; 1)

çe). (-2; -1)

EJERCICIO 135. Determinar la ecuación de la recta tangente a la elipse: $[(x - 3)^2/15] + [(y^2)/10]$; en el punto H = (0; 2).

a). $2x - 3y + 3 = 0$

b). $x - 2y - 2 = 0$

c). $2x - y + 2 = 0$

d). $x + y + 2 = 0$

e). $x - y + 2 = 0$

EJERCICIO 136. Hallar la ecuación de la elipse con centro en el origen, eje focal en el eje y, pasa por el punto Q = (1; 4), y la relación del lado recto y la semidistancia focal es: $\sqrt{2}$.

a). $2x^2 + 6y^2 = 36$

b). $2x^2 + 4y^2 = 10$

c). $2x^2 + y^2 = 18$

d). $x^2 + 3y^2 = 9$

e). $4x^2 + y^2 = 18$

EJERCICIO 137. Una elipse con centro en el origen tiene un vértice en R= (0; 5) y una de sus directrices es la recta 4y - 25= 0. Hallar su ecuación.

a). $2x^2 + 6y^2 = 225$

b). $25x^2 + 9y^2 = 225$

c). $4x^2 + 9y^2 = 225$

d). $8x^2 + 3y^2 = 225$

e). $25x^2 + y^2 = 225$

EJERCICIO 138. La distancia entre las directrices de una elipse es 18. Hallar su ecuación si tiene por focos a los puntos: $F_1 = (1; 5)$; $F_2 = (1; 3)$.

a). $[(x - 1)^2/8] + [(y - 4)^2/9] = 1$

b). $[(x - 1)^2/16] + [(y - 4)^2/9] = 1$

c). $[(x - 1)^2/9] + [(y - 4)^2/16] = 1$

d). $[(x - 1)^2/25] + [(y - 4)^2/36] = 1$

e). $[(x-1)^2/9] + [(y-4)^2/45] = 1$

EJERCICIO 139. Considere la ecuación de la elipse: $9x^2 + 4y^2 - 18x + 16y - 11 = 0$; e indique la suma de las coordenadas de: C, V_1, V_2, B_1 y B_2.

a). -2

b). -3

c). -4

d). 5

e). -5

EJERCICIO 140. Determine la recta tangente a la elipse: $[(x^2/25)] + [(y^2/16)] = 1$; en el punto cuya abscisa es 3 y ordenada positiva.

a). $5y + 3x + 25 = 0$

b). $5y - 3x - 25 = 0$

c). $5y + 3x - 25 = 0$

d). $5y - 2x - 15 = 0$

e). $5y - 4x - 20 = 0$

EJERCICIO 141. El techo de un pasillo de 20m de ancho tiene la forma de una semielipse, tiene 18m de altura en el centro y 12m de altura en las paredes laterales. Calcular la altura del techo a 4m de cualquiera de las paredes.

a). 8,4m.

b). 10m.

c). 10,8m.

çd). 4,8m.

e). 16,8m.

EJERCICIO 142. Hallar la ecuación de la elipse ($\mathscr{E}$) con eje paralelo al eje x y que es tangente a la circunferencia $\mathscr{C}$: $x^2 + y^2 - 6x + 4y - 12 = 0$.

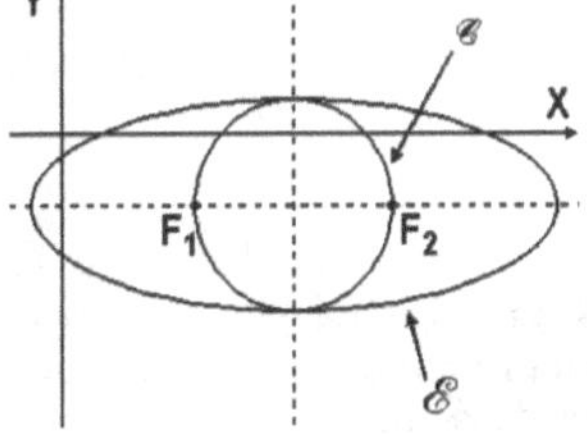

a). $x^2 + 2y^2 + 6x + 8y - 33 = 0$

b). $x^2 + 2y^2 - 6x - 8y - 33 = 0$

c). $x^2 + 2y^2 - 6x + 8y + 33 = 0$

d). $x^2 + 2y^2 - 6x + 8y - 33 = 0$

e). $x^2 + 2y^2 - 6x - 8y + 33 = 0$

EJERCICIO 143. La ventana de una iglesia tiene la forma de dos elipses congruentes, con el mismo centro O y cuyo eje mayor de una de las elipses contiene al eje menor de la otra elipse como muestra la figura. Si T es punto de tangencia, el eje menor mide 10m y LR es un lado recto, hallar la suma de las áreas sombreadas.

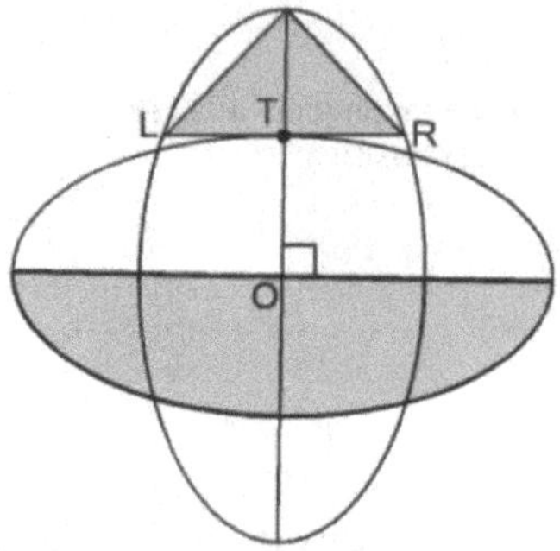

a). $25\sqrt{2}/2[\pi + \sqrt{2} + 10]m^2$

b). $25\sqrt{2}/2[\pi + \sqrt{2} + 1]m^2$

c). $25\sqrt{2}/2[\pi + \sqrt{2} - 10]m^2$

d). $15\sqrt{2}/2[\pi + \sqrt{2} - 10]m^2$

e). $5\sqrt{2}/2[\pi+\sqrt{2} - 1]m^2$

EJERCICIO 144. Determine el área del cuadrado inscrito en la elipse de ecuación: $b^2x^2 + a^2y^2 = a^2b^2$.

a). $[4(a^2b^2)]/[a^2 + b^2]$

b). $[(a^2b^2)]/[a^2 + b^2]$

c). $[2(a^2b^2)]/[a^2 + b^2]$

d). $[8(a^2b^2)]/[a^2 + b^2]$

e). $[0{,}5(a^2b^2)]/[a^2 + b^2]$

EJERCICIO 145. Considere la ecuación de la elipse: $[(x^2/16)] + [(y^2/36)] = 1$; y la recta: $y - 2x = 0$; determine el área del triángulo B_1PF_1; donde: B_1 es uno de los extremos de la elipse, P es el punto de intersección entre la elipse y la recta (primer cuadrante) y F_1 es uno de los focos de la elipse.

a). $[8(6 - \sqrt{5})/5]u^2$

b). $[8(6 - \sqrt{5})/7]u^2$

c). $[6(3 - \sqrt{5})/5]u^2$

d). $[9(6 - \sqrt{5})/4]u^2$
e). $[3(6 - \sqrt{5})/7]u^2$

Clave de Respuestas

Ejercicio 121. *b*
Ejercicio 122. *d*
Ejercicio 123. *e*
Ejercicio 124. *c*
Ejercicio 125. *c*
Ejercicio 126. *b*
Ejercicio 127. *a*
Ejercicio 128. *c*
Ejercicio 129. *c*
Ejercicio 130. *a*
Ejercicio 131. *e*
Ejercicio 132. *b*
Ejercicio 133. *d*
Ejercicio 134. *c*
Ejercicio 135. *e*
Ejercicio 136. *c*
Ejercicio 137. *b*
Ejercicio 138. *a*
Ejercicio 139. *e*
Ejercicio 140. *c*
Ejercicio 141. *e*
Ejercicio 142. *d*
Ejercicio 143. *c*
Ejercicio 144. *a*
Ejercicio 145. *a*

Ecuación de la Hipérbola

¿Cómo puede ser que la matemática, siendo al fin y al cabo un producto del pensamiento humano independiente de la experiencia, esté tan admirablemente adaptada a los objetos de la realidad?

Albert Einstein

EJERCICIO 146. Halle las ecuaciones de las asíntotas de la curva: $144x^2 - 25y^2 = 3600$

a). $2x \pm 15y = 0$

b). $5x \pm 12y = 0$

c). $12x \pm 5y = 0$

d). $12x \pm y = 0$

e). $15x \pm 7y = 0$

EJERCICIO 147. La ecuación de una hipérbola es: $4x^2 - y^2 + 2y + 3 = 0$, marcar lo incorrecto

a). Centro: (0; 1)

b). Vértices: (0; 3) y (0; – 1)

c). Focos: $(0; 1+\sqrt{5})$ y $(0; 1-\sqrt{5})$

d). Excentricidad: /2

e). Lado recto: 2

EJERCICIO 148. Hallar el centro de la hipérbola: $4y^2 - 16x^2 - 48x - 4y+1 = 0$

a). (– 3/2; 1)

b). (– 3/2; 1/2)

c). (– 1/2; 3/2)

d). (3/2; 1/2)

e). (– 3/2; 3/2)

EJERCICIO 149. ¿Cuál es la ecuación de la hipérbola si su centro es C = (1; 1) y un foco con su vértice correspondiente son (7; 1) y (5; 1)?

a). $20(x-1)^2 - 16(y-1)^2 = 640$

b). $16(y-1)^2 - 20(x+1)^2 = 320$

c). $5(x-1)^2 - 4(y-1)^2 = 80$

d). $16(y-1)^2 - 20(x-1)^2 = 640$

e). $20(x-1)^2 - 16(y-1)^2 = 80$

EJERCICIO 150. La ecuación de una hipérbola es: $x^2 - 4y^2 - 2x - 16y - 19 = 0$. Calcule la distancia entre los focos.

a). 5

b). $2\sqrt{5}$

c). 2

d). $4\sqrt{5}$

e). 4

EJERCICIO 151. Dada la ecuación de una hipérbola: $9x^2 - y^2 - 36x - 6y + 18 = 0$ calcule la ecuación de una de sus rectas asíntotas.

a). $y = 3x - 3$

b). $y = 3x - 6$

c). $y = 3x - 9$

d). $y = 3x - 8$

e). $y = 3x - 12$

EJERCICIO 152. Dada la ecuación de la hipérbola: $5x^2 - 7y^2 + 40x - 84y - 207 = 0$, e indique la longitud del lado recto.

a). $(\sqrt{7}/7)$u

b). $(10/7)$u

c). $(10\sqrt{7}/7)$u

d). $(11/7)$u

e). $(2\sqrt{7}/7)$u

EJERCICIO 153. Considere la ecuación de la hipérbola: $4x^2 - 25y^2 + 24x + 100y + 36 = 0$, e indique el centro de la curva.

a). (3; -2)

b). (-3; 2)

c). (-3; -2)

d). (3; 2)

e). (3; -5)

EJERCICIO 154. Considere la ecuación de la hipérbola: $4x^2 - 9y^2 - 18y - 45 = 0$, señale el lado recto de la curva.

a). $(11/3)$u

b). $(7/3)$u

c). $(10/3)$u

d). (8/3)u

e). (5/3)u

EJERCICIO 155. Obtener todas las características de la siguiente hipérbola: $4x^2 - 9y^2 - 16x + 54y - 29 = 0$ e, indique el centro de dicha curva.

a). (1; 2)

b). (-2; 5)

c). (2; -3)

d). (2; 3)

e). (-2; 3)

EJERCICIO 156. Hallar la ecuación de la tangente a la siguiente hipérbola: $3x^2 - y^2 - 2 = 0$; en el punto P = (1; 1).

a). $y - 3x + 2 = 0$

b). $2y - 3x + 2 = 0$

c). $2y + 3x + 2 = 0$

d). $5y - 3x + 2 = 0$

e). $7y - 3x + 5 = 0$

EJERCICIO 157. Hallar la ecuación de la tangente a la siguiente hipérbola: $x^2 - y^2 - 9 = 0$; en el punto Q = (5; 4).

a). $3y + 7y + 9 = 0$

b). $4y + 5y + 20 = 0$

c). $4y - 5y + 10 = 0$

d). $4y + 5y + 9 = 0$

e). $4y - 5y + 9 = 0$

EJERCICIO 158. Hallar la ecuación de la tangente a la siguiente hipérbola: $3x^2 - 2y^2 + 3x - 4y - 12 = 0$; en el punto R = (2; 1).

a). $8y + 15x + 22 = 0$

b). $8y - 15x + 22 = 0$

c). $5y - 15x + 22 = 0$

d). $8y - 15x - 22 = 0$

e). $8y - 5x + 22 = 0$

EJERCICIO 159. Hallar la ecuación de la tangente a la siguiente hipérbola: $2x^2 - 3y^2 - 6x - 4y + 12 = 0$; en el punto S = (4; 2).

a). $8y + 5x + 4 = 0$

b). $5y - 3x + 4 = 0$

c). $8y - 5x + 4 = 0$

d). $8y - 5x - 11 = 0$

e). $8y + 5x - 7 = 0$

EJERCICIO 160. Hallar la ecuación de la hipérbola con centro en el origen y eje focal paralelo al eje Y, si la distancia entre las rectas directrices es 4 y su excentricidad es 2.

a). $[(y^2/48)] - [x^2/20)] = 1$

b). $[(y^2/12)] - [x^2/48)] = 1$

c). $[(y^2/16)] - [x^2/48)] = 1$

d). $[(y^2/48)] - [x^2/16)] = 1$

e). $[(y^2/12)] - [x^2/16)] = 1$

EJERCICIO 161. Hallar la ecuación de la hipérbola cuyas asíntotas son: $y = \pm 3/2(x - 1) + 2$, y que pasa por el punto $(5, - 9/2)$, indique el valor de a^2.

a). 25/16

b). 25/2

c). 25

d). 25/4

e). 25/36

EJERCICIO 162. Hallar la ecuación de la hipérbola que pasa por los puntos P = (3; - 2) y Q = (7; 6), tiene su centro en el origen y eje transverso coincide con el eje x.

a). $4x^2- 5y^2 = 16$

b). $4x^2- 7y^2 = 16$

c). $3x^2- 5y^2 = 16$

d). $5x^2- 5y^2 = 16$

e). $8x^2- 5y^2 = 16$

EJERCICIO 163. Hallar la ecuación de la hipérbola con centro en O = (0; 0), de manera que los focos estén situados sobre el eje x, la distancia entre las directrices es: $[(\sqrt{30})/15]$ y pasa por el punto D = (1; 2).

a). $5x^2 - 3y^2 = 1$

b). $5x^2 - y^2 = 1$

c). $7x^2 - y^2 = 1$

d). $5x^2 - 3y^2 = 1$

e). $5x^2 - 10y^2 = 1$

EJERCICIO 164. Calcule el valor de k^2 para que la recta $2x–y–4= 0$ sea tangente a la hipérbola $4x^2–k^2y^2=4k^2$.

a). 1

b). 2

c). 3

d). 4

e). 5

EJERCICIO 165. La ecuación de una hipérbola es: $9x^2 - 4y^2 - 54x + 8y + 113 = 0$ marcar lo incorrecto:

a). Vértices: (3; 4); (3; – 2)

b). Focos: $(3; 1 + \sqrt{13}); (3; 1 - \sqrt{13})$

c). Longitud del eje transverso = 6

d). Longitud del lado recto = 8/3

e). Excentricidad: 13/2

Clave de Respuestas

Ejercicio 146. c

Ejercicio 147. e

Ejercicio 148. b

Ejercicio 149. c

Ejercicio 150. b

Ejercicio 151. c

Ejercicio 152. c

Ejercicio 153. b

Ejercicio 154. d

Ejercicio 155. d

Ejercicio 156. a

Ejercicio 157. e

Ejercicio 158. b

Ejercicio 159. c

Ejercicio 160. c

Ejercicio 161. d

Ejercicio 162. a

Ejercicio 163. b

Ejercicio 164. d

Ejercicio 165. e

PARTE II

Vectores, Operaciones con Vectores, Producto Escalar, Módulo de un Vector, Vector Unitario, Paralelismo y Ortogonalidad de Vectores

El genio se hace con un 1% de talento, y un 99% de trabajo.

Albert Einstein

EJERCICIO 166. Calcule W = U + V si U y V son los siguientes vectores: U = (-5/3; 1) y V = (2/3; -5).

a). (1; - 4)

b). (1; 4)

c). (-1; 4)

d). (-1; - 4)

e). (1; - 5)

EJERCICIO 167. Calcule W = U + V si U y V son los siguientes vectores: U = (6; 1; 1) y V = (-2; 4; 2).

a). (4; 5; 3)

b). (4; 5; - 3)

c). (- 4; 5; 3)

d). (4; -5; - 3)

e). (1; 5; 3)

EJERCICIO 168. Calcule A = B + C si B y C son los siguientes vectores: B = (2; -3) y C = (5; 4).

a). (-7; -1)

b). (-7; 1)

c). (7; -1)

d). (7; 1)

e). (1; 7)

EJERCICIO 169. Calcule A = B - C si B y C son los siguientes vectores: B = (2; -3) y C = (5; 4).

a). (-5; -9)

b). (3; -9)

c). (-3; 9)

d). (3; 9)

e). (-3; -9)

EJERCICIO 170. Calcule W = 3B + 4C si u y v son los siguientes vectores: B = (2; -3) y C = (5; 4).

a). (7; 26)

b). (26; 7)

c). (26; -7)

d). (26; 9)

e). (3; 7)

EJERCICIO 171. Calcule $P = P_0 + 2(P_1 - P_0)$ si P_0 y P_1 son los siguientes vectores: P_0 = (1; -1) y P_1 = (4; 3).

a). (7; 7)

b). (-7; -7)

c). (7; 1)

d). (7; -5)

e). (-7; 5)

EJERCICIO 172. Calcule $P = (P_0+P_1)/2$ si P_0 y P_1 son los siguientes vectores: P_0 = (1; -1) y P_1 = (4; 3).

a). (3/2; 2)

b). (1; 2)

c). (1; 5)

d). (5/2; 1)

e). (-5/2; 1)

EJERCICIO 173. Resolver para el vector incógnita x: 2(0; 3)+8x= (1; -6).

a). (5/2; -3/2)

b). (-1/2; -3/2)

c). (1/8; -1/2)

d). (-1/8; 3/2)

e). (1/8; -3/2)

EJERCICIO 174. Resolver para el vector incógnita x: -3(1; 3)+2x= 5(0; -2)+4x.

a). (1; -3)

b). (3; 1)

c). (-3; 1)

d). (-3; 2)

e). (-3; 5)

EJERCICIO 175. Resolver para el vector incógnita x: 3[x-(8; -2)]=6 (7; 0).

a). (11; -2)

b). (22; -2)

c). (22; 11)

d). (2; 22)

e). (-2; -22)

EJERCICIO 176. Sean los vectores: $P_0 = (3;-2)$ y ($P_1 = (-5; 4)$; determinar: $\beta = 2P_0 + P_1 + [P_1 - P_0]/2$; indicar: $|\beta|$

a). $2\sqrt{2}$

b). $4\sqrt{2}$

c). $3\sqrt{2}$

d). $5\sqrt{2}$

e). $\frac{1}{2}(\sqrt{2})$

EJERCICIO 177. Sean los vectores: A = (3; 2); B = (-5; 1) y C = (0; - 4); determinar W = C + 2(B - A) e indique: |W|.

a). $2{,}5\sqrt{73}$

b). $1{,}5\sqrt{73}$

c). $0{,}5\sqrt{73}$

d). $\sqrt{73}$

e). $2\sqrt{73}$

EJERCICIO 178. Dados A = (2; -1) y B = (-3; -2); determinar |A+B|.

a). 9

b). 11

c). $\sqrt{11}$

d). 10

e). $\sqrt{10}$

EJERCICIO 179. Dados A = (3; 4) y B = (- 4; - 2); determinar: |A+B|.

a). $\sqrt{5}$

b). $\sqrt{3}$

c). $\sqrt{7}$

d). 5

e). 3

EJERCICIO 180. Si: v = (2; -3; 3) y u = (7; 9; 5) entonces: 3v+5u es:

a). (41; 36; 34)

b). (41; 36; 44)

c). (41; 38; 34)

d). (31; 36; 34)

e). (41; 35; 34)

EJERCICIO 181. Si: v = (2; -3; 3) y u = (-2; 3; -3) entonces: v + u es:

a). (0; 0; 0)

b). (1; 1; 1)

c). (2; 2; 2)

d). (0; 0; 1)

e). (1; 0; 0)

EJERCICIO 182. Hallar el producto escalar entre los vectores: u = (2; 1; 4) y v = (0; 3; 5).

a). 21

b). 22

c). 23

d). 24

e). 45

EJERCICIO 183. Calcular el producto escalar de u = (3; 5; 2) y v = (-1; 3; 0).

a). 9

b). 10

c). 11

d). 12

e). 8

EJERCICIO 184. Calcular el producto escalar de u = (1; 0; 5) y v = (10; 3; -2).

a). 0

b). 1

c). 2

d). 3

e). 4

EJERCICIO 185. Un vector AB tiene componentes (5; -2). Hallar las coordenadas de A si se conoce el extremo B = (12; -3).

a). (7; -2)

b). (-7; -1)

c). (7; -1)

d). (-7; 1)

e). (8; -1)

EJERCICIO 186. Si: v es un vector de componentes (3; 4); hallar un vector unitario de su misma dirección y sentido.

a). (1/5; 11/5)

b). (3/5; 4/5)

c). (2/5; 7/5)

d). (8/5; 1/5)

e). (13/5; 2/5)

EJERCICIO 187. Hallar un vector unitario de la misma dirección que el vector: (8; -6).

a). (1/5; 7/5)

b). (11/5; 4/5)

c). (2/5; 3/5)

d). (7/5; 1/5)

e). (4/5; -3/5)

EJERCICIO 188. Calcular las coordenadas de D para que el cuadrilátero de vértices: A = (-1; -2); B = (4; -1); C = (5; 2) y D sea un paralelogramo.

a). (0; -2)

b). (-2; 0)

c). (1; 0)

d). (0; 1)

e). (0; -1)

EJERCICIO 189. Hallar los vectores unitarios en la misma dirección y sentido que los siguientes: i). (2; 0) y ii). (0; 4).

a). (1/2: 0); (0; ½)

b). (2; 0); (0; 2)

c). (1; 0); (0; 1)

d). (3; 0); (0; 3)

e). (1/3; 0); (0; 1/3)

EJERCICIO 190. Calcule las componentes de un vector unitario de la misma dirección y sentido que el vector que tiene su origen en el punto P = (3; 5; -5) y el extremo en el punto Q = (5; -4; 1).

a). (2/11) i – (9/11) j + (6/11) k

b). (2/13) i – (9/13) j + (6/13) k

c). (2/5) i – (9/5) j + (6/5) k

d). (3/11)i-(13/11)j+(1/11)k

e). (1/3)i-(5/3)j+(7/3)k

EJERCICIO 191. Dado los vectores A = (5; -4; 7) y B = (3; 6; -4), calcule el vector unitario en la dirección y sentido del vector diferencia D = A – B.

a). D = (7/15) i – (4/3) j + (13/15) k

b). D = (2/17) i – (2/17) j + (11/17) k

c). D = (7/15) i – (11/3) j + (13/15) k

d). D = (2/15) i – (2/3) j + (11/15) k

e). D = (2/11) i – (2/11) j + (9/11) k

EJERCICIO 192. Teniendo los vectores A = (3; 5; 0) y B = (4; by; 3), calcule by para que A y B sean perpendiculares.

a). 12/5

b). -12/5

c). 11/5

d). 17/5

e). 13/5

EJERCICIO 193. Dado los vectores A = (5; -ay; 3) y B = (2; 8; 2), calcule el valor de ay para que ambos vectores sean perpendiculares.

a). 5

b). 4

c). 3

d). 2

e). 1

EJERCICIO 194. Dados los vectores a = 3i + 5j – k y b = i + 4j – 2k, calcule el producto escalar siguiente: (a – 5b)·(2a + 6b).

a). -660

b). 660

c). -550

d). 550

e). -880

EJERCICIO 195. Sean los vectores: a = (2; −1; 4) y b = (0; 3; m) con m∈R. Determinar m para que los vectores a y b sean ortogonales.

a). 2/4

b). 1/4

c). 3/4

d). 5/4

e). 7/4

EJERCICIO 196. Dados los puntos A = (-4; -1); B = (3; 2) y C = (2; -2), hallar un punto D cuyas componentes son positivas de manera que el cuadrilátero ABCD sea un paralelogramo.

a). (9; -2)

b). (-9; -1)

c). (9; -1)

d). (9; 1)

e). (9; -9)

EJERCICIO 197. Dados los puntos A = (2; 5); B = (9; 2) y C = (-3; 4), hallar un punto D cuyas componentes son positivas de manera que el cuadrilátero ABCD sea un paralelogramo (tres soluciones).

a). (9; -2), (14; 5), (12; 8

b). (-10; 7), (14; 3), (4; 1)

c). (-10; 7), (4; 3), (-4; 1)

d). (-10; 7), (1; 3), (3; 1)

e). (-10; 7), (12; 5), (11, -1)

EJERCICIO 198. Dado el vector a = (12; -5) encontrar el vector unitario u que tiene la misma dirección que a, así como el vector unitario v que toma la dirección opuesta al vector a.

a). (12/13; 5/13), (11/13; 7/13)

b). (12/13; -5/13), (-14/13; 9/13)

c). (12/13; -5/13), (-12/13; 5/13)

d). (17/13; -5/13), (-11/13; 5/13)

e). (12/13; -5/13), (-12/13; 5/13)

EJERCICIO 199. Calcular los valores de x e y en la siguiente igualdad: (3x; - y) = 2(1; - x) + (y; 9). Indique el valor de x + y.

a). 11

b). 30

c). - 30

d). - 20

e). 20

EJERCICIO 200. Tres vértices de un paralelepípedo ABCDA´B´C´D´ son los puntos A = (1; 2; - 1), B = (1; 2; 1) y C = (3; 2; - 5). Calcular las coordenadas del vértice D.

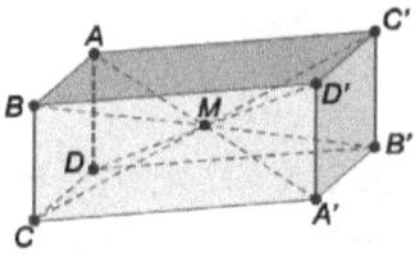

a). (4; 2; - 7)

b). (4; 2; 7)

c). (4; - 2; - 7)

d). (- 4; 2; - 7)

e). (- 4; - 2; - 7)

EJERCICIO 201. Tres vértices de un paralelepípedo ABCDA´B´C´D´ son los puntos A = (1; 2; - 1), B = (1; 2; 1) y C = (3; 2; - 5). Sabiendo que todas las diagonales del paralelepípedo se cortan en el punto M = (1; 4; 1), calcular las coordenadas de los otros cuatro vértices de la figura (señale su respuesta en el orden: A´B´C´D´).

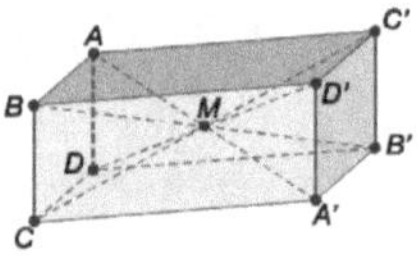

a). (- 1; 6; 3), (2; 6; 1), (- 1; 6; 7), (- 2; 6; 9)

b). (1; 6; 3), (2; 6; 1), (1; 6; 7), (- 2; 6; 9)

c). (1; 6; 3), (2; 6; 1), (- 1; 6; 7), (2; 6; 9)

d). (- 1; 6; 3), (- 2; 6; 1), (- 1; 6; 7), (- 2; 6; 9)

e). (1; 6; 3), (2; 6; 1), (- 1; 6; 7), (- 2; 6; 9)

EJERCICIO 202. Hallar el valor de a de modo que: u = (2; a; 1) y v = (4; - 2; - 2) sean perpendiculares.

a). 1

b). 2

c). 3

d). 4

e). 5

EJERCICIO 203. Si v es un vector de componentes (3; 4), hallar el vector unitario en su misma dirección y sentido.

a). (1; 4/3)

b). (3/9; 4/9)

c). (3/7; 4/7)

d). (3/5; 4/5)

e). (3/11; 4/11)

EJERCICIO 204. Dos vectores cuyos extremos son los puntos A = (- 3; 2; 1) y B = (5; - 3; 2), tienen como origen común el punto el punto C = (- 1; 3; 0). Calcular el producto escalar de ambos vectores.

a). 5

b). 3

c). - 3

d). 4

e). - 4

EJERCICIO 205. Dados los vectores u = (2; - 1, 3), y w = (1; 2; x). Obtener el valor de x para que u y w formen un ángulo de 60º.

a). $\sqrt{(37/11)}$

b). $\sqrt{(35/11)}$

c). $\sqrt{(25/11)}$

d). $\sqrt{(27/11)}$

e). $\sqrt{(45/11)}$

EJERCICIO 206. Hallar el valor de k para que (4; k) sea perpendicular a (- 1; 3).

a). 2/3

b). 5/3

c). 4/3

d). 7/3

e) 1/3

EJERCICIO 207. Dados los vectores a = 3i + 5j - k y b = i + 4j – 2k, calcular el producto escalar siguiente: (a – 5b).(2a + 6b)

a). 646

b). 546

c). 466

d). 746

e). 446

EJERCICIO 208. Dados los puntos A = (1; 0; - 1), B = (2; 1; 0) y C = (0; 0; - 1), hallar el producto escalar AB.BC.

a). - 3

b). - 4

c). - 5

d). - 6

e). - 7

EJERCICIO 209. Halla un vector v de módulo √5 y que forme con el vector u = (2; - 4) un ángulo de 60°. Indique una de las respuestas.

a). (2,24; - 5,13)

b). (2,24; 2,13)

c). (2,24; - 1,13)

d). (- 2,24; 0,13)

e). (2,24; - 0,13)

EJERCICIO 210. Hallar el producto u.v si el vector u es paralelo a 5i + 3j y el vector v es paralelo a 6i + 18j; la suma de los vectores u + v = 32i + 48j.

a). 240

b). 672

c). 432

d). 472

e). 960

Clave de Respuestas

Ejercicio 166. c

Ejercicio 167. a

Ejercicio 168. d

Ejercicio 169. e

Ejercicio 170. b

Ejercicio 171. a

Ejercicio 172. d

Ejercicio 173. e

Ejercicio 174. c

Ejercicio 175. b

Ejercicio 176. c

Ejercicio 177. e

Ejercicio 178. e

Ejercicio 179. a

Ejercicio 180. b

Ejercicio 181. a

Ejercicio 182. c

Ejercicio 183. d

Ejercicio 184. a

Ejercicio 185. c

Ejercicio 186. b

Ejercicio 187. e

Ejercicio 188. d

Ejercicio 189. c

Ejercicio 190. a

Ejercicio 191. d

Ejercicio 192. b

Ejercicio 193. d

Ejercicio 194. a

Ejercicio 195. c

Ejercicio 196. d

Ejercicio 197. b

Ejercicio 198. c

Ejercicio 199. c

Ejercicio 200. a

Ejercicio 201. e

Ejercicio 202. c

Ejercicio 203. d

Ejercicio 204. e

Ejercicio 205. b

Ejercicio 206. c

Ejercicio 207. a

Ejercicio 208. b

Ejercicio 209. e

Ejercicio 210. b

Producto Vectorial de Gibbs (Producto Cruz), Áreas, Ángulo de Inclinación de un Vector en el Plano, Ángulo entre Vectores y Proyección Ortogonal

En la matemática es donde el espíritu encuentra los elementos que más ansía, la continuidad y la perseverancia.

Anatole France

EJERCICIO 211. Hallar el producto vectorial de: u = (3; 4; 0) y v = (2; -1; 3).

a). 12i-9j+13k

b). 12i-9j-11k

c). 12i-11j+9k

d). 13i-11j-15k

e). 9i-7j-3k

EJERCICIO 212. Si a = (8; 12) y b = (4; 2); entonces el vector: $Pr_b a$ es:

a). [14/11](4; 2)

b). (5; 2)

c). [14/5](4; 2)

d). (4; 2)

e). [14/3](4; 2)

EJERCICIO 213. Hallar la proyección del vector u = (3; 1; 2), sobre el vector v = (1; -1; 2).

a). 4

b). 5

c). 6

d). 7

e). 8

EJERCICIO 214. Hallar la proyección del vector u = (1; - 2; 1) según la dirección del vector v = (4; - 4; 7).

a). 19/9

b). 17/9

c). 13/9

d). 21/9

e). 29/9

EJERCICIO 215. Hallar el área de un polígono cuyos vértices son: A = (4; 1); B = (2; 4); C = (-2; 2); D = (-1; -3) y E = (3; -2).

a). $24u^2$

b). $25u^2$

c). $26u^2$

d). $27u^2$

e). $28u^2$

EJERCICIO 216. Dados los vértices de un triángulo A = (2; 1); B = (1; 0) y el baricentro G = (2/3; 0), calcular el tercer vértice del triángulo.

a). (-1; 2)

b). (-1; -1)

c). (-1/2; -1)

d). (3/2: 1

e). (1; ½)

EJERCICIO 217. Encontrar el vector unitario perpendicular a los vectores A = (2; - 6; - 3) y B = (4; 3; - 1).

a). (- 3/7; - 2/7; 6/7)

b). (3/7; - 2/7; - 6/7)

c). (3/7; 2/7; 6/7)

d). (3/7; - 2/7; 6/7)

e). (- 3/7; 2/7; 6/7)

EJERCICIO 218. Hallar la proyección del vector P = (3; - 1; 4), según la dirección del vector Q = (1; 1; 2).

a). $10/\sqrt{6}$

b). $11/\sqrt{6}$

c). $12/\sqrt{6}$

d). $11/\sqrt{6}$

e). $9/\sqrt{6}$

EJERCICIO 219. Dados los vectores: a = (2; -1; 4) y b = (0; 3; λ) con λ∈R. Hallar el valor de λ para que a y b sean ortogonales.

a). -3/4

b). 3/4

c). 1/2

d). -1/2

e). 5/4

EJERCICIO 220. Determina el valor de a para que los puntos A = (1; 0; 1); B = (1; 1; 1) y C = (1; 6; a) sean los vértices de un triángulo de área: $(3/2)u^2$.

a). 4

b). 1

c). -3

d). -2

e). a y d

EJERCICIO 221. Determinar el área del triángulo cuyos vértices son los puntos: A = (1; 1; 3); B = (2; -1; 5) y C = (-3; 3; 1).

a). $3u^2$

b). $3\sqrt{2}u^2$

c). $2\sqrt{2}u^2$

d). $1,5\sqrt{2}u^2$

e). $3\sqrt{2}u^2$

EJERCICIO 222. Sean los vectores: a = (2; −1; 4) y b = (0; 3; 0); calcular el área del paralelogramo que tiene por lados los vectores a y b.

a). $(\sqrt{200})u^2$

b). $(\sqrt{185})u^2$

c). $(\sqrt{190})u^2$

d). $(\sqrt{180})u^2$

e). $(\sqrt{160})u^2$

EJERCICIO 223. Determinar el área del triángulo cuyos vértices son los puntos: M = (1; 1; 3); N = (2; -1; 5) y O = (-3; 3; 1).

a). $7\sqrt{2}u^2$

b). $2u^2$

c). $\sqrt{2}u^2$

d). $5\sqrt{2}u^2$

e). $3\sqrt{2}u^2$

EJERCICIO 224. Determinar el área del triángulo cuyos vértices son: A = (-3; 2); B = (3; -2) y C = (4; 5).

a). $21u^2$

b). $22u^2$

c). $23u^2$

d). $24u^2$

e). $30u^2$

EJERCICIO 225. Determinar el área del paralelogramo que tiene por lados los vectores: u = (-1; 1; -1) y v = (2; -1; 2).

a). $2u^2$

b). $1u^2$

c). $2,5u^2$

d). $\sqrt{2}u^2$

e). $\sqrt{3}u^2$

EJERCICIO 226. Si la superficie de un terreno tiene forma de un paralelogramo y está definido por dos vectores u = (5; -3; 3) km y v = (6; 3; -2) km. Hallar el área del terreno en forma vectorial.

a). $42,382km^2$

b). $45km^2$

c). $43,382km^2$

d). $44,382km^2$

e). $41,382km^2$

EJERCICIO 227. Dado los vectores A = (3; -1; 5) y B = (4; -2; 0), calcule el ángulo que forman.

a). 57,052º

b). 59,152º

c). 58,052º

d). 52,732º

e). 60,050º

EJERCICIO 228. Dado los vectores A = (4; -3; 0) y B = (8; 6; 0), calcule el ángulo que forman A y B.

a). 63,09º

b). 73,74º

c). 73º

d). 74º

e). 75º

EJERCICIO 229. Calcule el ángulo formado por los vectores a = 5i + 3j y b = –5i + 2j.

a). 137º18’

b). 127º14’

c). 129º24’

d). 137º34’

e). 157º12'

EJERCICIO 230. Dados los vectores: u = (2; k) y v = (3; -2); calcular k para que los vectores u y v formen un ángulo de 60º.

a). 0,1

b). 0,77

c). 0,88

d). 1,99

e). 0,99

Clave de Respuestas

Ejercicio 211. b

Ejercicio 212. c

Ejercicio 213. c

Ejercicio 214. a

Ejercicio 215. e

Ejercicio 216. b

Ejercicio 217. d

Ejercicio 218. a

Ejercicio 219. b

Ejercicio 220. e

Ejercicio 221. b

Ejercicio 222. d

Ejercicio 223. e

Ejercicio 224. c

Ejercicio 225. d

Ejercicio 226. c

Ejercicio 227. c

Ejercicio 228. b

Ejercicio 229. b

Ejercicio 230. e

Producto Vectorial y Producto vectorial Mixto: Áreas y Volúmenes

La matemática pura es, en su forma, la poesía de las ideas lógicas.

Albert Einstein

EJERCICIO 231. Dados los vectores: u = (1; -1; 3), v = (-2; 2; 1) y w = (3; -2; 5); calcular: u.(vxw).

a). 7

b). -5

c). -6

d). -7

e). 6

EJERCICIO 232. Determinar el área del triángulo cuyos vértices son los puntos P = (1; 1; 3), Q = (2; -1; 5) y R = (-3; 3; 1).

a). $2\sqrt{2}u^2$

b). $3\sqrt{2}u^2$

c). $4\sqrt{2}u^2$

d). $2\sqrt{3}u^2$

e). $3\sqrt{3}u^2$

EJERCICIO 233. Determinar el área del paralelogramo que tiene por lados los vectores: u = (3; 1; -1), v = (2; 3; 4).

a). $(394)u^2$

b). $(\sqrt{192})u^2$

c). $(\sqrt{94})u^2$

d). $(\sqrt{194})u^2$

e). $(\sqrt{294})u^2$

EJERCICIO 234. Determinar el volumen del paralelepípedo formado por los vectores: u = (3; - 2; 5), v = (2; 2; - 1) y w = (- 4; 3; 2).

a). $94u^3$

b). $81u^3$

c). $90u^3$

d). $91u^3$

e). $85u^3$

EJERCICIO 235. Obtener el volumen del tetraedro cuyos vértices son los puntos: A = (3; 2; 1), B = (1; 2; 4), C = (4; 0; 3) y D = (1; 1; 7).

a). $(5/6)u^3$

b). $(1/6)u^3$

c). $(7/6)u^3$

d). $(11/6)u^3$

e). $(13/6)u^3$

EJERCICIO 236. Determinar el volumen del paralelepípedo definido por los vectores: u = (-3; 1; 5); v = (4; 2; 1) y w = (1; 0; 1).

a). $11u^3$

b). $19u^3$

c). $20u^3$

d). $22u^3$

e). $30u^3$

EJERCICIO 237. *EL* volumen del paralelepípedo determinado por los vectores a = (3; 1; 2), b = (−1; 2; 0) y c = (1; 5; −4) vale:

a). $40u^3$

b). $41u^3$

c). $42u^3$

d). $43u^3$

e). $44u^3$

EJERCICIO 238. Los puntos A = (1; 0; 1), B = (2; 0; −1), C = (0; 1; 4) y D = (1; −2; 3), determinan el tetraedro de vértices ABCD. Determinar su volumen.

a). $(1/3)u^3$

b). $(11/3)u^3$

c). $(5/3)u^3$

d). $(7/3)u^3$

e). $(4/3)u^3$

EJERCICIO 239. Dados los puntos P_1 = (1; 3; -1), P_2 = (a; 2; 0), P_3 = (1; 5; 4) y P_4 = (2; 0; 2). Hallar los valores de a para que el tetraedro con vértices en P_1, P_2, P_3, P_4 tenga volumen igual a $7u^3$.

a). -2/3

b). 2/3

c). 1/3

d). -1/3

e). 5/3

EJERCICIO 240. Determinar el volumen del tetraedro cuyos vértices son los puntos: D = (3; 2; 1), E = (1; 2; 4), F = (4; 0; 3) y G = (1; 1; 7).

a). $(1/6)u^3$

b). $(7/6)u^3$

c). $(5/6)u^3$

d). $(11/6)u^3$

e). $(13/6)u^3$

Clave de Respuestas

Ejercicio 231. d

Ejercicio 232. b

Ejercicio 233. e

Ejercicio 234. d

Ejercicio 235. a

Ejercicio 236. b

Ejercicio 237. c

Ejercicio 238. e

Ejercicio 239. a

Ejercicio 240. c

Dependencia e Independencia Lineal

La ciencia matemática exhibe particularmente orden, simetría y límites; y esas son las más grandes formas de belleza.

Aristóteles

EJERCICIO 241. Sea el conjunto A = {u; v; w}; donde u = (2; 1), v = (2; 4) y w = (5; 4); representar al vector w como una combinación de los vectores u y v.

a). w = 2u+3v

b). w = 2u+v

c). w = 2u+(1/2)v

d). w = 2u+3v

e). w = 3u+2v

EJERCICIO 242. Sea el conjunto A = {a; b; c}; donde a = (3; -2), b = (1; 4) y c = (2; 1); representar al vector w como una combinación de los vectores u y v.

a). c = a+b

b). c = 0,5a+0,5b

c). c = 2a+ 3b

d). c = a+2b

e). c = 3a+2b

EJERCICIO 243. Sea el conjunto A = {u; v; w}; donde u = (2; 1), v = (0; 5) y w = (4; 7); representar al vector w como una combinación de los vectores u y v.

a). w = 2u+7v

b). w = 2u+5v

c). w = 5u+2v

d). w = 2u+3v

e). w = 2u+v

EJERCICIO 244. Determinar si el siguiente conjunto de vectores de R^3:

A = {(-1; 0; 2), (0; -4; 2), (2; 0; -4)} es linealmente dependiente o independiente. Analice y indique la cuaterna correcta.

i). Los vectores son linealmente dependientes

ii). Los vectores son linealmente independientes

iii) Los tres escalares son diferentes de cero

iv). Dos escalares son diferentes de cero

a). VFFV

b). VVVV

c). FFFF

d). FVFV

E). VVVF

EJERCICIO 245. Expresa el vector v = (7; 3; 15) como una combinación lineal de u_1 = (3; 2; 5); u_2 = (2; 4; 7); u_3 = (1; -3; 3).

a). v = [(27/17)u_1+(15/17)u_2+(11/17)u_3]

b). v = [(18/17)u_1+(113/17)u_2+(15/17)u_3]

c). v = [(28/17)u_1+(11/17)u_2+(13/17)u_3]

d). v = [(28/17)u_1+(10/17)u_2+(15/17)u_3]

e). v = [(21/17)u_1+(7/17)u_2+(23/17)u_3]

EJERCICIO 246. Obtenga λ para que los siguientes vectores sean linealmente dependientes: u_1 = (3; 2; 5); u_2 = (2; 4; 7) y u_3 = (1; -3; λ).

a). -27/8

b). 27/8

c). 27/7

d). -27/7

e). 25/3

EJERCICIO 247. Determina los valores de a para los que resultan dependientes los vectores: (-2; a; a); (a; -2; a); (a; a; -2).

a). 1

b). -2

c). a y b

d). 3

e). 1/2

EJERCICIO 248. Si: Q = {(1; 2; 3), (− 2; 1; 1), (8; 6; 10)}; R = {(3; −2; 2), (3; −1; 4), (1; 0; 5)} y S = {(1; -2; 3), (-2; 4; 1), (-4; 8; 9)}

a). Q, R y S linealmente dependientes.

b). Q, R y S linealmente independientes.

c). Q y S linealmente dependientes y R linealmente independiente.

d). Q y R linealmente dependientes y S linealmente independiente.

e). R y S linealmente dependientes y Q linealmente independiente.

EJERCICIO 249. Si: W = {(3; 1; 2), (1; -2; 3), (4; 1; 3)}; V = {(3; 1; 2), (1; -2; 3), (4; 13; -9)} y U = {(1; 1; 1), (1; 0; 1), (2; 1; 2)}

a). W, V y U linealmente dependientes.

b). W, V y U linealmente independientes.

c). W y U linealmente dependientes y V linealmente independiente.

d). W y V linealmente dependientes y U linealmente independiente.

e). V y U linealmente dependientes y W linealmente independiente.

EJERCICIO 250. Si: E = {(1; 5; 2), (-2; 3; -1), (4; 2; 1)}; F = {(1; -2; 1), (2; 1; 3), (5; -1; 1)}; G = {(1; 4; 3), (-2; 0; 2), (3; -1; -4)}

a). E, F y G linealmente dependientes.

b). E, F y G linealmente independientes.

c). F y G linealmente independientes y E linealmente dependiente.

d). E y G linealmente independientes y F linealmente dependiente.

e). E y F linealmente independientes y G linealmente dependiente.

Clave de Respuestas

Ejercicio 241. c

Ejercicio 242. b

Ejercicio 243. e

Ejercicio 244. a

Ejercicio 245. d

Ejercicio 246. a

Ejercicio 247. c

Ejercicio 248. c

Ejercicio 249. a

Ejercicio 250. e

Ecuación Vectorial, Paramétrica, Simétrica, General e Implícita de la Recta

Sin matemática, no hay nada que puedas hacer, todo a tu alrededor es matemática, todo a tu alrededor son números.

Shakuntala Devi

EJERCICIO 251. Considere el punto A = (2; - 1) y el vector direccional: u = i – 4j; hallar la ecuación vectorial de la recta y señale una de las ecuaciones paramétricas.

a). y = 1+λ

b). y = -1-4λ

c). y = 2-λ

d). y = -3-7λ

e). y = 5+3λ

EJERCICIO 252. Halla la ecuación vectorial, paramétrica, continua y general que pasa por el punto A = (3; 1) y tiene como vector director u = (1; -2). Señale una de las ecuaciones paramétricas.

a). x = 3+λ

b). x = -1-4λ

c). x = 4-λ

d). x = -3-2λ

e). x = -1+3λ

EJERCICIO 253. Encuentra la ecuación vectorial, paramétrica, continua y general que pasa por los puntos A = (3; 2) y B = (1; -1). Indique una de las ecuaciones continuas.

a). [y-5]/3

b). [y-2]/3

c). [y+7]/5

d). [y-5]/2

e). [y+2]/5

EJERCICIO 254. Dados dos puntos S = (6; 4; -1); T = (0; -2; 3) ¿cuál es la ecuación vectorial de la recta que pasa por estos puntos? Señale una de las ecuaciones paramétricas.

a). z = 1+3t

b). z = -3-2t

c). z = 4-t

d). z = -1+4t

e). z = 2+3t

EJERCICIO 255. Hallar la ecuación vectorial (paramétrica) de la recta que pasa por el punto A = (2; - 1) y tiene como vector director a v = i – 4j; indique

a). $x = -2 + \lambda;\ y = -1 - 4\lambda$

b). $x = 2 + \lambda;\ y = -1 - 4\lambda$

c). $x = 2 - \lambda;\ y = -1 - 4\lambda$

d). $x = 2 + \lambda;\ y = 1 - 4\lambda$

e). $x = 2 + \lambda;\ y = 1 + 4\lambda$

EJERCICIO 256. Determinar la ecuación implícita de la recta que pasa por los puntos A = (- 3; 2; 1) y B = (- 5/2; 3/2; 0).

a). x + y = 1; 2x + z = - 5

b). x - y = 1; 2x + z = - 5

c). x + y = - 1; 2x + z = 5

d). x + y = 3; 2x + z = - 5

e). x + y = - 1; 2x + z = - 5

EJERCICIO 257. Halla las ecuaciones paramétricas para cada una de las rectas sobre las que descansan los lados del triángulo de vértices A = (1; - 1; 1); B = (0; 1; 2) y C = (1; 2; - 3). Señale la ecuación paramétrica del lado BC.

a). $x = -1 - \lambda;\ y = 1 + \lambda;\ z = 2 - 5\lambda$

b). $x = 5 + \lambda;\ y = 1 + \lambda;\ z = 2 - 5\lambda$

c). $x = \lambda;\ y = 1 + \lambda;\ z = 2 - 5\lambda$

d). $x = 2 + \lambda;\ y = 4 + \lambda;\ z = 3 - 5\lambda$

e). $x = 1 + \lambda;\ y = 1 - \lambda;\ z = 2 + 5\lambda$

EJERCICIO 258. Halla la ecuación vectorial de la recta que pasa por los puntos: A = (1; 3; −4) y B = (3; −5; −2).

a). $(x; y; z) = (1; 3; -4)+\lambda\ (1; -4; 1)$

b). $(x; y; z) = (1; 3; -4)+\lambda\ (1; 4; 1)$

c). $(x; y; z) = (1; 3; -4)+\lambda\ (-1; -4; 1)$

d). $(x; y; z) = (1; 3; -4)+\lambda\ (1; -4; -1)$

e). a). $(x; y; z) = (1; 3; -4)+\lambda\ (-1; -4; -1)$

EJERCICIO 259. Halla la ecuación de la recta (vectorial, paramétricas, continua e implícita) que pasa por los puntos: A = (3; 5; −1) y B = (2; 1; −2). Señale una de las ecuaciones paramétricas.

a). $z = 2-\lambda$

b). $z = 3+\lambda$

c). $z = -3-\lambda$

d). $z = 1+\lambda$

e). $z = -1-\lambda$

EJERCICIO 260. Expresa la ecuación de la recta en todas sus formas posibles, sabiendo que pasa por el punto $P_0 = (1; -2; 5)$ y por el punto $P_1 = (-2; 1; 0)$. Indique una de las ecuaciones paramétricas.

a). $y = -3-\lambda$

b). $y = 2-3\lambda$

c). $y = -2+3\lambda$

d). $y = -5-\lambda$

e). $y = 4+\lambda$

EJERCICIO 261. Considere los puntos: P = (1; 3; 2) y Q = (2; 1; 4). En función a ellos determine las ecuaciones simétricas.

a). $[(x - 1)/1] = [(y - 3)/- 3] = [(z - 2)/2]$

b). $[(x + 1)/1] = [(y - 3)/- 3] = [(z - 2)/2]$

c). $[(x - 1)/1] = [(y - 3)/ 5] = [(z + 2)/2]$

d). $[(x - 1)/2] = [(y - 3)/- 3] = [(z - 2)/3]$

e). $[(x - 1)/3] = [(y + 3)/- 3] = [(z - 2)/2]$

EJERCICIO 262. Encuentre las ecuaciones de La recta que pasa por los puntos A = (0; 1; 1) y B = (1; 3; 0). Indique las ecuaciones paramétricas.

a). $x = 3 + \lambda$; $y = 1 + 2\lambda$; $z = 1 - \lambda$

b). $x = \lambda$; $y = 1 + 2\lambda$; $z = 1 - \lambda$

c). $x = 1 - \lambda$; $y = 1 + 2\lambda$; $z = 1 + \lambda$

d). $x = \lambda$; $y = 1 + 3\lambda$; $z = 1 - 2\lambda$

e). $x = \lambda$; $y = 1 + 2\lambda$; $z = 1 - 5\lambda$

EJERCICIO 263. Hallar la ecuación vectorial de la recta que pasa por el origen y cuya dirección es ortogonal a los vectores $u = 2i - j + 3k$; $v = - i - j + 2k$.

a). $(x; y; z) = (2\lambda; 7\lambda; - 3\lambda)$

b). $(x; y; z) = (\lambda; 7\lambda; 3\lambda)$

c). $(x; y; z) = (- \lambda; - 7\lambda; - 3\lambda)$

d). $(x; y; z) = (\lambda; - 7\lambda; - 3\lambda)$

e). $(x; y; z) = (9\lambda; - 7\lambda; - 3\lambda)$

EJERCICIO 264. Hallar la ecuación de la recta que pasa por los puntos: A = (2; 3; - 9) y B = (0; 6; - 1).

a). (x; y; z) = (2 + 2λ; 3 + 3λ; - 9 + 8λ)

b). (x; y; z) = (2 - 2λ; 3 + 3λ; 9 + 8λ)

c). (x; y; z) = (2 - 2λ; 3 - 3λ; - 9 + 8λ)

d). (x; y; z) = (5 - 2λ; 3 + 3λ; - 9 + 8λ)

e). (x; y; z) = (2 - 2λ; 3 + 3λ; - 9 + 8λ)

EJERCICIO 265. Considere las rectas r: [(x – 1)/2] = [(y + 1)/m] = [z], y s:{ x + nz = - 2; y – z = - 3}. Determinar m y n para que las rectas r y s se corten perpendicularmente.

a). m = 4 y n = 2

b). m = 4 y n = 2,5

c). m = 4,5 y n = 2,5

d). m = 4 y n = 3

e). m = 4 y n = 6

EJERCICIO 266. Considere los puntos A = (1; 2; 1) y B = (2; 3; - 4). Determine la ecuación de la recta que pasa por los puntos A y B.

a). x = 1 - λ; y = 2 + λ; z = 1 - 5λ

b). x = 1 + λ; y = 2 - λ; z = 1 - 5λ

c). x = 1 + λ; y = 2 + λ; z = 1 - 5λ

d). x = 1 + λ; y = 2 + λ; z = 1 + 5λ

e). x = 5 + λ; y = 2 + λ; z = 1 - 5λ

EJERCICIO 267. Sean los puntos M = (1; 1; 1) y N = (2; 0; 2). Calcular la ecuación continua de la recta.

a). [(x - 1)/1] = [(y – 1)/- 1] = [(z – 1)/1]

b). [(x + 1)/1] = [(y – 1)/- 1] = [(z – 1)/1]

c). [(x - 1)/1] = [(y + 1)/- 1] = [(z – 1)/1]

d). [(x - 1)/1] = [(y – 1)/- 1] = [(z + 1)/1]

e). [(x - 4)/1] = [(y – 1)/- 1] = [(z – 3)/1]

EJERCICIO 268. Calcular la ecuación paramétrica de la recta que pasa por el punto A = (3; 4; 0) y su dirección es perpendicular a la de los vectores u = (- 1; 2; - 3); v = (0; - 2; 5).

a). x = 3 + 4λ; y = 4 + 5λ; z = 2λ

b). x = 3 - 4λ; y = 4 + 5λ; z = 2λ

c). x = 3 + 4λ; y = 4 - 5λ; z = 3λ

d). x = 5 + 4λ; y = 7 + 5λ; z = 2λ

e). $x = 3 + 4\lambda$; $y = 3 + 5\lambda$; $z = 1 + 2\lambda$

EJERCICIO 269. Dado un punto G = (2; - 1; 4) en la recta y el vector dirección de la recta d = 4i + 5j – 2k

a). $x = 2 + 4\lambda$; $y = 1 + 5\lambda$; $z = 4 + 2\lambda$

b). $x = 3 + 4\lambda$; $y = - 4 + 5\lambda$; $z = 4 - 2\lambda$

c). $x = 2 - 4\lambda$; $y = - 1 + 5\lambda$; $z = 7 - 2\lambda$

d). $x = 2 + 4\lambda$; $y = - 1 + 5\lambda$; $z = 4 - 2\lambda$

e). $x = 2 + 4\lambda$; $y = 7 + 5\lambda$; $z = 4 + 2\lambda$

EJERCICIO 270. Dado un punto F = (- 3; 5; 2) sobre la recta y el vector dirección de la recta d = - 1i + 4j + 3k. Determine la ecuación paramétrica de la recta.

a). $x = 3 – \lambda$; $y = 5 + 4\lambda$; $z = 5 + 3\lambda$

b). $x = - 3 – \lambda$; $y = 3 + 4\lambda$; $z = 2 - 3\lambda$

c). $x = - 3 + \lambda$; $y = 5 + 4\lambda$; $z = 7 + 3\lambda$

d). $x = - 3 – \lambda$; $y = 5 + 4\lambda$; $z = 2 + 3\lambda$

e). $x = - 3 + \lambda$; $y = 5 - 4\lambda$; $z = 2 + 3\lambda$

Clave de Respuestas

Ejercicio 251. b

Ejercicio 252. a

Ejercicio 253. b

Ejercicio 254. d

Ejercicio 255. b

Ejercicio 256. e

Ejercicio 257. c

Ejercicio 258. a

Ejercicio 259. e

Ejercicio 260. c

Ejercicio 261. a

Ejercicio 262. b

Ejercicio 263. d

Ejercicio 264. e

Ejercicio 265. b

Ejercicio 266. c

Ejercicio 267. a

Ejercicio 268. a

Ejercicio 269. d

Ejercicio 270. d

Rectas Paralelas, Rectas Perpendiculares, Ángulo entre dos Rectas, Distancia de un Punto a una Recta y Distancia entre dos Rectas

La esencia de la matemática no es hacer las cosas simples complicadas, sino hacer las cosas complicadas simples.

S. Gudder

EJERCICIO 271. Escribe la ecuación de la recta que pasa por P = (- 1; 5; 0) y es paralela a r: $x + y = 1$; $y - z = 2$.

a). $x = 1 + \lambda$; $y = 5 + \lambda$; $z = \lambda$

b). $x = -1 - \lambda$; $y = 5 + \lambda$; $z = \lambda$

c). $x = -1 - \lambda$; $y = -5 - \lambda$; $z = \lambda$

d). $x = -\lambda$; $y = 5 + \lambda$; $z = 1 + \lambda$

e). $x = -1 - \lambda$; $y = 5 + \lambda$; $z = -7 + \lambda$

EJERCICIO 272. Hallar la ecuación paramétrica de la recta que pasa por el origen y cuya dirección es ortogonal a los vectores $u = 2i - j + 3k$ y $v = -i - j + 2k$.

a). $x = t$, $y = -7t$, $z = -3t$

b). $x = 2t$, $y = -7t$, $z = -3t$

c). $x = t$, $y = 7t$, $z = -3t$

d). $x = t$, $y = -7t$, $z = 3t$

e). $x = t$, $y = -11t$, $z = -3t$

EJERCICIO 273. Determine la ecuación paramétrica que pasa por el punto D = (3; 4; 0) y su dirección es perpendicular a la de los vectores u = (-1; 2; -3) y v = (0; -2; 5).

a). $x = 3 - 4\lambda$, $y = 4 + 5\lambda$, $z = 2\lambda$

b). $x = 3 + 4\lambda$, $y = 4 + 5\lambda$, $z = 2\lambda$

c). $x = 3 + 4\lambda$, $y = 4 - 5\lambda$, $z = 2\lambda$

d). $x = 3 + 4\lambda$, $y = 4 + 5\lambda$, $z = 7\lambda$

e). $x = 3 + 4\lambda$, $y = 4 + 11\lambda$, $z = 2\lambda$

EJERCICIO 274. Hallar la distancia del punto P = (3; 2; 0) a la recta: [(x-2)/3]=[(y-1)/4]=[(2-z)/5].

a). $(\sqrt{22})/4$

b). $(\sqrt{22})/11$

c). $(\sqrt{32})/10$

d). (√22)/10

e). (√42)/10

EJERCICIO 275. Hallar la distancia del punto Q = (5; -1; 6) y la recta ψ = (1; 0; 5) + λ(-2; -1; 1).

a). 3,46u

b). 3u

c). 2,46u

d). 4,46u

e). 5u

EJERCICIO 276. Hallar la distancia entre las rectas ρ: x = 5 + t, y = -1, z = 8 + 2t; φ: x = 4 + 3t, y = 3 - t, z = 5 + 4t.

a). 4,5u

b). 5u

c). 3,5u

d). 4u

e). 3u

EJERCICIO 277. Calcular la distancia que hay entre el punto P = (3; 1; 6) y la recta r: x = 4+4β, y = 2+β, z = -1-3β.

a). 1u

b). 3u

c). 4u

d). 5u

e). 6u

EJERCICIO 278. Determinar la distancia entre las rectas η: x = 4λ, y = - 10 - 3λ, z = 9 + 5λ; ϕ: x = 2 - 12t, y = 1 + 9t, z = 4 + t.

a). 9u

b). 10u

c). 11u

d). 12u

e). 13u

EJERCICIO 279. Determine la ecuación vectorial y paramétrica de la recta que pasa por el punto Q = (0; 14; -10) y es paralela a la recta η: x = -1 + 2t, y = 6 – 3t, z = 3 + 9t.

a). [x/2]=[(y - 14)/-3]=[(z - 10)/9]

b). [x/2]=[(y + 14)/-3]=[(z + 10)/9]

c). [x/2]=[(y-14)/-3]=[(z + 10)/9]

d). [x/5]=[(y-14)/-3]=[(z + 10)/9]

e). [x/2]=[(y-7)/-3]=[(z + 1)/9]

EJERCICIO 280. Determinar el ángulo que forman las rectas ϕ: [(x-2)/2] = [(y+1)/1] = [(z/1)] y η: [(x+1)/-1] = [(y/2)] = [(z/1)].

a). 80,41°

b). 82°

c).70,41°

d). 85°

e). 79,45°

EJERCICIO 281. Hallar la distancia desde el punto H = (1; 2; 3) a la recta φ: [(x - 2)/4] = [(y - 3)/4] = [(z - 4)/2].

a). [(√5)/3]

b). [(√3)/4]

c). [(√3)/3]

d). [(√2)/5]

e). [(√2)/3]

EJERCICIO 282. Determinar la distancia del punto R = (1; 2; -1) a la recta: (x; y; z) = (2; -1; 5) + λ(1; 1; -1).

a). √(84/3)u

b). √(65/3)u

c). √(70/3)u

d). √(74/3)u

e). √(73/3)u

EJERCICIO 283. Hallar la ecuación simétrica de la recta que pasa por el punto A = (2; 1; 4) y es paralela a L_1: x = 3t; y = - 2 + 4t; z = - 5t.

a). [(x + 2)/3] = [(y + 1)/4] = [(z + 4)/- 5]

b). [(x – 2)/5] = [(y – 1)/7] = [(z – 4)/- 5]

c). [(x – 2)/3] = [(y – 1)/4] = [(z – 4)/- 5]

d). [(x – 3)/3] = [(y – 2)/4] = [(z – 7)/- 5]

e). [(x + 2)/3] = [(y – 3)/4] = [(z – 4)/- 5]

EJERCICIO 284. Dada la recta φ: x = - 1 - 2λ; y = 3 + λ; z = - 5 y el punto Q = (5; 5; 1). Determine la ecuación de la recta que pasa por el punto Q y corta perpendicularmente a φ.

a). x = 5 - λ; y = 5 + 2λ; z = 1 + 3λ

b). x = 5 + λ; y = 5 + 2λ; z = 1 + 3λ

c). $x = 5 + \lambda$; $y = 5 - 2\lambda$; $z = 1 + 3\lambda$

d). $x = 3 + \lambda$; $y = 5 + 2\lambda$; $z = 2 + 3\lambda$

e). $x = 5 + \lambda$; $y = 3 + 2\lambda$; $z = 5 + 3\lambda$

EJERCICIO 285. Halla los valores de m y n para que las rectas r y s sean paralelas: r: $x = 5 + 4\lambda$; $y = 3 + \lambda$; $z = - \lambda$; s: $[(x/m)] = [(y - 1)/3)] = [(z + 3)/n]$. Indique el valor de m.n.

a). 42

b). - 25

c). 25

d). 36

e). - 36

EJERCICIO 286. Sean las rectas: $r = (x; y; z) = (1; 2; 3) + \lambda(1; - 1; 2)$; s: $x = - 1 - \lambda$; $y = - \lambda$; $z = 1 + \lambda$. Determina el ángulo que forman.

a). 61,87º

b). 51,87º

c). 65,76º

d). 58,60º

e). 81,67º

EJERCICIO 287. Dada la recta r: $x = - 1 - 2\lambda$; $y = 3 + \lambda$; $z = - 5$ y el punto $P = (5; 5; 1)$. Determinar la ecuación de la recta que pasa por P y corta perpendicularmente a r.

a). $x = 5 + \lambda$; $y = 5 + 2\lambda$; $z = 1 + 3\lambda$

b). $x = 5 - \lambda$; $y = 5 + 2\lambda$; $z = 1 + 3\lambda$

c). $x = 5 + \lambda$; $y = 5 - 2\lambda$; $z = 1 + 3\lambda$

d). $x = 5 + \lambda$; $y = 5 + 2\lambda$; $z = 1 - 3\lambda$

e). $x = 3 + \lambda$; $y = 5 + 2\lambda$; $z = - 2 + 3\lambda$

EJERCICIO 288. Hallar la ecuación de la recta que pasa por el punto $Q = (7; - 5)$ y es paralela a la recta r: $[(x + 5)/3] = [(y - 1)/-2]$.

a). ψ: $x = 5 + 3\lambda$; $y = - 9 - 2\lambda$

b). ψ: $x = 7 - 3\lambda$; $y = 5 - 2\lambda$

c). ψ: $x = 7 + 3\lambda$; $y = 5 + 2\lambda$

d). ψ: $x = 7 + 3\lambda$; $y = - 5 - 2\lambda$

e). ψ: $x = - 7 - 3\lambda$; $y = - 5- 2\lambda$

EJERCICIO 289. Hallar la ecuación paramétrica de la recta que pasa por el punto $Q = (7; - 5)$ y es perpendicularidad a la recta r: $[(x + 5)/3] = [(y - 1)/-2]$.

a). η: $x = - 7 + 2\lambda$; $y = - 5 + 3\lambda$

b). η: $x = 7 + 2\lambda$; $y = - 5 + 3\lambda$

c). η: x = 7 - 2λ; y = - 5 + 3λ

d). η: x = 7 - 2λ; y = 5 + 3λ

e). η: x = - 7 + 2λ; y = - 5 - 3λ

EJERCICIO 290. Hallar el ángulo que forman las rectas: ρ: x = 3 – 2t; y = 7 + t; ϕ: x = 1 – 4t; y = 4 + 3t.

a). 10° 18' 17,45"

b). 12° 18' 17,45"

c). 11° 15' 17,45"

d). 15° 12' 17,45"

e). 9° 14' 12,45"

Clave de Respuestas

Ejercicio 271. b

Ejercicio 272. a

Ejercicio 273. b

Ejercicio 274. d

Ejercicio 275. a

Ejercicio 276. e

Ejercicio 277. d

Ejercicio 278. b

Ejercicio 279. c

Ejercicio 280. a

Ejercicio 281. e

Ejercicio 282. d

Ejercicio 283. c

Ejercicio 284. b

Ejercicio 285. e

Ejercicio 286. a

Ejercicio 287. a

Ejercicio 288. d

Ejercicio 289. b

Ejercicio 290. a

Ecuación Vectorial del Plano, Distancia entre dos Planos y Distancia de un Punto a un Plano y Distancia de una Recta a un Plano

La matemática no conoce razas o límites geográficos. Para la matemática, el mundo cultural es un país.

David Hilbert

EJERCICIO 291. Hallar las ecuaciones del plano que pasa por los puntos A = (0; 1; -1), B = (2; 3; -5), C = (1; 4; 3). Señale la ecuación cartesiana.

a). $3x - 3y + z + 5 = 0$

b). $5x + 3y - z + 2 = 0$

c). $5x - 3y + z + 4 = 0$

d). $5x + 4y + 2z + 3 = 0$

e). $3x - 5y + 2z = 0$

EJERCICIO 292. Determine las ecuaciones del plano que contiene a los puntos A = (1; 2; 1), B = (2; 3; 1) y C = (0; 5; 3). Señale la ecuación cartesiana.

a). $\pi = 2x - 3y + 2z - 1 = 0$

b). $\pi = x - y + 2z - 1 = 0$

c). $\pi = x + y + 7z - 1 = 0$

d). $\pi = x - y + 2z - 1 = 0$

e). $\pi = 5x + y - 2z + 1 = 0$

EJERCICIO 293. Determine la ecuación cartesiana del plano que contiene a los puntos P = (1; -1; 0); Q = (2; 3; -2) y R= (0; 1; 4).

a). $10x - y + 3z - 11 = 0$

b). $5x - 3y - 7z - 11 = 0$

c). $10x + y + z - 25 = 0$

d). $10x - 5y - 8z - 11 = 0$

e). $2x - 3y - 8z - 1 = 0$

EJERCICIO 294. Determine la ecuación cartesiana del plano que contiene a los puntos R = (1; 1; - 4); S = (2; - 2; 3) y T = (- 3; 1; 4).

a). $2x + 3y + z = 11$

b). $5x + 3y + z = 1$

c). $2x + 3y + z = 1$

d). $2x + 3y - z = 1$

e). $2x - 3y + z = 22$

EJERCICIO 295. Sean los planos π_1, π_2, π_3; analice si los planos se interceptan (un punto, una recta o la intersección es nula), si existe intersección determine dicha intersección. π_1: $x - y + 3z = 4$; π_2: $2x - y - z = 6$; π_3: $3x - 2y + 2z = 10$.

a). $P = (2, -2, 0) + \lambda (4, 7, 1)$

b). $\{(2; -2; 0)\}$

c). $\{(-3; 1: 5)\}$

d). $P = (2, -2, 3) + \lambda (4, 7, -5)$

e). $\pi_1 \cap \pi_2 \cap \pi_3 = \varnothing$

EJERCICIO 296. Determine la distancia del punto M = (2, -1, 3) al plano que contiene los puntos: A = (3, -1, 2); B = (1, 2, -1); C = (-1, 3, 0).

a). $[\sqrt{39}/39]$u

b). $[\sqrt{21}/21]$u

c). $[\sqrt{29}/29]$u

d). $[\sqrt{23}/23]$u

e). $[\sqrt{49}/49]$u

EJERCICIO 297. Determinar el plano determinado por el punto A = (2; – 1; 3) y por los vectores u = (1; – 2; 3) y v = (6; 0; 1).

a). $\pi = -2x - 17y + 12z + 1 = 0$

b). $\pi = 2x + 11y + 10z - 15 = 0$

c). $\pi = -2x + 17y + 12z - 15 = 0$

d). $\pi = -2x + 17y - 12z + 5 = 0$

e). $\pi = -2x - 13y + 12z + 15 = 0$

EJERCICIO 298. Determinar la distancia del plano ρ: $2x - 3y + z + 4 = 0$ al plano π: $2x - 3y + z - 5 = 0$.

a). $[9\sqrt{14}/7]$u

b). $[11\sqrt{21}/14]$u

c). $[3\sqrt{14}/14]$u

d). $[9\sqrt{14}/14]$u

e). $[\sqrt{14}/14]$u

EJERCICIO 299. Hallar la ecuación del plano, cuyo vector normal es (1; 2; 3) y pasa por el punto (2; 0; 4).

a). $x - 2y + 3z + 14 = 0$

b). $x + 2y + 3z - 14 = 0$

c). 2x - 2y + 3z - 14 = 0

d). 5x + 3y – z - 1 = 0

e). x + 7y + 2z + 14 = 0

EJERCICIO 300. Estudiar la posición relativa de estos tres planos: ψ_1: x + 2y – z - 3 = 0; ψ_2: 3y + 2z - 1 = 0; ψ_3: x + y + z - 2 = 0.

a). (7/4; 1/2; -1/4)

b). (7/4; 1; -1/2)

c). (2; ½; -1/4)

d). (3; ½ ; ¼)

e). (1/2; ¼; -1/5)

EJERCICIO 301. Hallar la distancia entre los siguientes pares de planos: π_1: x – 2y + 3 = 0; π_2: 2x – 4y + 1 = 0.

a). 1u

b). 1,33u

c). 2,36u

d). 1,12u

e). 2,5u

EJERCICIO 302. Hallar la distancia del punto P = (1; 2; 3) al plano π: 2x + 3y – z =-7

a). 3u

b). 3,21u

c). 3,45u

d). 3,85u

e). 2, 95u

EJERCICIO 303. Determina la ecuación del plano que contiene al punto P = (2; 1; 2) y a la recta: [x-2] = [(y-3)/-1] = [(z-4)/-3].

a). x + 2y - 5z - 2 = 0

b). 3x - 2y - 4z - 11 = 0

c). x – y - 3z + 12 = 0

d). 2x – y + 2z + 5 = 0

e). 2x – y + z - 5 = 0

EJERCICIO 304. Hallar la ecuación de un plano determinado por el punto A = (1; -3; 2) y los vectores u = (2; 1; 0) y v = (-1; 0; 3).

a). 3x – 6y + 5z - 32 = 0

b). 3x + y + 3z - 23 = 0

c). x – 6y + z - 25 = 0

d). $3x - 6y + z - 23 = 0$

e). $3x + 6y - z + 23 = 0$

EJERCICIO 305. Calcula m y n para que los planos: α: $mx + y - 3z - 1 = 0$; β: $2x + ny - z - 3 = 0$ sean paralelos. Indique el valor de m + n.

a). 7/3

b). 11/3

c). 14/3

d). 17/3

e). 19/3

EJERCICIO 306. Hallar la ecuación de un plano que pasa por el punto P = (1; 0; 1) y es perpendicular a la recta: [(x/2)] = [(y+1)/-1] = [(z/3)].

a). $2x + y + 3z - 5 = 0$

b). $2x - y + 3z + 5 = 0$

c). $2x - y - 3z - 5 = 0$

d). $2x - y + 3z - 10 = 0$

e). $2x - y + 3z - 5 = 0$

EJERCICIO 307. Dados los planos: $mx + 2y - 3z - 1 = 0$ y $2x - 4y + 6z + 5 = 0$, halla m para que sean perpendiculares.

a). 10

b). 11

c). 12

d). 13

e). 14

EJERCICIO 308. Hallar el ángulo (considerar solo los grados) que forman los siguientes planos: π_1: $x + 8y - 4z = 0$; π_2: $2x - y + 3 = 0$.

a). 73º

b). 75º

c). 71º

d). 72º

e). 78º

EJERCICIO 309. Hallar la distancia entre dos planos: π_1: $x - 5y + 2z - 19 = 0$, π_2: $2x - 10y + 4z = 0$.

a). 3,47u

b). 3u

c). 3,57u

d). 2,95u

e). 4,05u

EJERCICIO 310. Determine el ángulo que forman la recta r : [(x+1)/-2] = [(y+3)/4] = [(z/2)] y el plano π : x - 2y – z + 1 = 0.

a). 89º

b). 90º

c). 95º

d). 75º

e). 60º

EJERCICIO 311. Hallar el ángulo (considere solo los grados) que forman la recta y el plano: r: (x; y; z) = (3; -1; 1) + t(2; 5; -1); π: 2x – 5y +7z – 11 = 0.

a). 35º

b). 33º

c). 37º

d). 32º

e). 39º

EJERCICIO 312. Calcula la distancia entre el punto P = (2; -3; 1) y el plano π : 3x – 4z = 3.

a). 0,2u

b). 0,3u

c). 0,25u

d). 0,4u

e). 0,5u

EJERCICIO 313. Determine la ecuación del plano que contiene a las rectas π: x = 1+2t, y = -1+ t, z = 2 –t; φ: x = 1+h, y = -1+2h, z = 2-3h.

a). 3x - 7y - 5z + 2 = 0

b). x + 7y - 5z + 2 = 0

c). x - 7y - 5z + 2 = 0

d). x - 7y + 5z + 2 = 0

e). x - 7y - 5z - 2 = 0

EJERCICIO 314. Determinar el ángulo que forman los planos π_1: 2x – y + z - 1 = 0; π_2: x + z + 3 = 0.

a). 28º

b). 30º

c). 32º

d). 35º

e). 39º

EJERCICIO 315. Determinar el ángulo que forman la recta ρ: [(x - 1)/2] = [(y + 1)/1] = [(z/2)] y el plano φ: x + y - 1 = 0.

a). 48º

b). 25º

c). 35º

d). 45º

e). 50º

EJERCICIO 316. Hallar la distancia del punto D = (5; 5; 3) al plano η: (x; y; z) = (0; 0; -4) + λ(2; 2; -1) + ψ(-3; 2; 0).

a). [(85)/√117]

b). [(75)/√113]

c). [(95)/√115]

d). [(85)/√113]

e). [(95)/√113]

EJERCICIO 317. Hallar la ecuación del plano que contiene a los puntos: P_1 = (2; –1; 1), P_2 = (3; 2; –1) y P_3 = (–1; 3; 2).

a). 11x + 5y + 13z = 30

b). 11x - 5y + 13z = 30

c). 11x + 5y - 13z = 30

d). 5x + 11y + 13z = 30

e). 3x + 5y + 11z = 30

EJERCICIO 318. Los siguientes planos tienen un único punto en común, señale el punto correcto.

$$\begin{cases} \pi_1 : x + y - z = 0 \\ \pi_2 : 2x + y = 4 \\ \pi_3 : x - y + 2z = 5 \end{cases}$$

a). (-1; -2; -3)

b). (2; 3; 1)

c). (3; 2; 1)

d). (1; 2; 3)

e). (-1; 2; 3)

EJERCICIO 319. Los siguientes planos tienen una recta en común, señale una de las ecuaciones paramétricas.

$$\begin{cases} \pi_1 : x + y - z = 0 \\ \pi_2 : 2x + y = 3 \\ \pi_3 : 3x + 2y - z = 3 \end{cases}$$

a). $y = 5 + 3\lambda$

b). $y = 5 - 3\lambda$

c). $y = 3 - 2\lambda$

d). $y = 3 + 2\lambda$

e). $y = 7 + \lambda$

EJERCICIO 320. En los siguientes planos que valores no puede tomar el parámetro "a" para que los tres planos se corten en un único punto.

$$\pi_1: x + ay + z = 1;\ \pi_2: 2x + y - z = 1;\ \pi_3: 3x + y + az = 2$$

a). $a \neq 1$ y $a \neq -1$

b). $a \neq 0$ y $a \neq 2$

c). $a \neq 0$ y $a \neq -2$

d). $a \neq 0$ y $a \neq -1$

e). $a \neq 1$ y $a \neq -3$

Clave de Respuestas

Ejercicio 291. c

Ejercicio 292. b

Ejercicio 293. a

Ejercicio 294. c

Ejercicio 295. a

Ejercicio 296. c

Ejercicio 297. c

Ejercicio 298. d

Ejercicio 299. b

Ejercicio 300. a

Ejercicio 301. d

Ejercicio 302. b

Ejercicio 303. e

Ejercicio 304. d

Ejercicio 305. e

Ejercicio 306. e

Ejercicio 307. d

Ejercicio 308. d

Ejercicio 309. a

Ejercicio 310. b

Ejercicio 311. a

Ejercicio 312. a

Ejercicio 313. c

Ejercicio 314. b

Ejercicio 315. d

Ejercicio 316. e

Ejercicio 317. a

Ejercicio 318. d

Ejercicio 319. c

Ejercicio 320. d

Valores y Vectores Propios

La matemática son el juez supremo; sobre sus decisiones no hay apelación.

Tobías Dantzig

EJERCICIO 321. Calcular los valores y vectores propios para la matriz A.

$$A = \begin{bmatrix} 4 & -5 \\ 2 & -3 \end{bmatrix}$$

Indique la suma de los valores propios.

a). 0

b). 1

c). 2

d). 3

e). 4

EJERCICIO 322. Calcular el polinomio característico de la matriz T.

$$T = \begin{bmatrix} 2 & 6 & 6 \\ -3 & -7 & -6 \\ 3 & 6 & 5 \end{bmatrix}$$

a). $(\lambda - 1)^2(\lambda + 2)$

b). $(\lambda - 1)^2(\lambda - 2)$

c). $(\lambda + 1)^2(\lambda - 2)$

d). $(\lambda + 2)^2(\lambda - 1)$

e). $(\lambda + 1)^2(\lambda - 2)$

EJERCICIO 323. Calcular los valores y vectores propios para la matriz A.

$$A = \begin{bmatrix} 0 & 1 \\ -2 & -3 \end{bmatrix}$$

Indique la suma de los valores propios al cuadrado.

a). 7

b). 25

c). 16

d). 4

e). 9

EJERCICIO 324. Calcular los valores y vectores propios para la matriz A.

$$A = \begin{bmatrix} 1 & 3 & 3 \\ -3 & -5 & -3 \\ 3 & 3 & 1 \end{bmatrix}$$

Señale uno de los valores propios.

a). 4

b). -2

c). 3

d). 5

e). -5

EJERCICIO 325. Calcular los valores propios para la matriz A.

$$A = \begin{bmatrix} 1 & 0 & 0 & 0 \\ 0 & 1 & 5 & -10 \\ 1 & 0 & 2 & 0 \\ 1 & 0 & 0 & 3 \end{bmatrix}$$

Indique uno de ellos.

a). -1

b). -3

c). 4

d). 3

e). -4

EJERCICIO 326. Calcular los valores y vectores propios para la matriz A.

$$A = \begin{bmatrix} 1 & -1 & -1 \\ 1 & 3 & 1 \\ -3 & 1 & -1 \end{bmatrix}$$

Indique el producto de los valores propios.

a). -12

b). 12

c). -14

d). 14

e). 15

EJERCICIO 327. Calcular los valores propios para la matriz A.

$$A = \begin{bmatrix} 2 & 2 & -2 \\ 2 & -1 & 4 \\ -2 & 4 & -1 \end{bmatrix}$$

Señale uno de los valores propios.

a). 7

b). -7

c). 6

d). - 6

e). 5

EJERCICIO 328. Calcular los valores y vectores propios para la matriz A.

$$A = \begin{bmatrix} 2 & 3 \\ 3 & -6 \end{bmatrix}$$

Indique la suma de los valores propios al cuadrado.

a). 36

b). 25

c). 9

d). 4

e). 16

EJERCICIO 329. Calcular los valores y vectores propios para la matriz A.

$$A = \begin{bmatrix} 3 & 6 & -8 \\ 0 & 0 & 6 \\ 0 & 0 & 2 \end{bmatrix}$$

Indique el producto de los valores propios.

a). - 4

b). 0

c). 4

d). 12

e). - 9

EJERCICIO 330. Calcular los valores y vectores propios para la matriz B.

$$B = \begin{bmatrix} 4 & 0 & 0 \\ -2 & 1 & 0 \\ 5 & 3 & 4 \end{bmatrix}$$

Luego, señale uno de los valores propios.

a). 4

b). - 4

c). 7

d). -2

e). 5

Clave de Respuestas

Ejercicio 321. b

Ejercicio 322. c

Ejercicio 323. e

Ejercicio 324. a

Ejercicio 325. d

Ejercicio 326. a

Ejercicio 327. d

Ejercicio 328. e

Ejercicio 329. b

Ejercicio 330. a

BIBLIOGRAFÍA[2]

Colley, S. (2013). Calculo vectorial. Editorial mexicana PEARSON.

Contreras, F. (2019). Geometría analítica: Puntos, vectores y matrices. Universidad Autónoma de Aguascalientes.

Jaramillo, A.; Oleas, G. (2009). Geometría vectorial y analítica: Una introducción al álgebra lineal. Medellín. Universidad de Antioquia.

Leithold, L. (1998). El Cálculo. Oxford University Press.

Miranda, D.; Grisi, R.; Lodovisi, S. (2022). Geometria analítica e vetorial. Versão 14: São Paulo. UFABC.

[2] *En gran medida los ejercicios y problemas fueron creados por el autor, no obstante utilizamos también bibliografía enfocada a las temáticas de geometría vectorial y geometría analítica.*